2011年3月12日、東日本大震災発災2日目。岩手県大槌町の植田病院の屋上から、三沢ヘリコプター空輸隊のCH-47J（LR）が孤立していた被災者を、ホイストを使用してつり上げ救出した。ヘリ空隊のCH-47Jがホイストを使用して救出活動を行なったのは、この震災が初めてだった（写真：植田俊郎）

2011年3月15日、宮城県石巻市の市立湊中学校の校庭に着陸、校舎で孤立していた被災者を収容中の空自ヘリ空隊CH-47J。積載能力の高いCH-47Jは、多人数の空輸に威力を発揮する。事前に着陸適地かどうかの確認のためUH-60Jから進出した救難員(黒いドライスーツを着用)が、ロードマスターと共に誘導にあたっている(写真：航空救難団)

上空から撮影した湊中学校の被災状況。石巻漁港と旧北上川河口にほど近い湊中学校は、津波の直撃を受けた。鉄筋コンクリートの校舎は持ち堪えたが、周囲を大量の瓦礫に塞がれ、校庭は泥濘に覆われた。泥濘の深さが不明だと、着陸脚がどの程度沈み込むか予想できないため、着陸には神経を使ったに違いない(写真：航空救難団)

2011年3月12日、ビルの屋上からサバイバーを吊り上げ救出中のCH-47J（LR）。ダウンウォッシュの激しいCH-47Jはホイストによるサバイバー救出には不適とされていたが、2006年に那覇救難隊においてホイスト救出の運用基準が策定され、ホイスト救出が可能となった。先の震災は、CH-47Jによる初のホイスト救出が実施された（写真：植田俊郎）

2011年3月12日、岩手県大槌町の植田医院の屋上から、孤立した患者や職員をホイストで吊り上げ救出中の三沢ヘリ空隊CH-47J（LR）。まずロードマスターが進出し、サバイバーをダウンウォッシュの影響のない内階段に待機させ、安全を確保しつつ一人ずつ吊り上げた。CH-47Jによるホイスト救出の運用基準が策定されて以降、全国のヘリ空隊にボイヤントスリングが配備された（写真：航空救難団）

湊中学校の校庭に着陸しようとしている海上自衛隊の哨戒ヘリSH-60K。瓦礫に阻まれ地上から接近できない場所での救出作業には、海自は救難ヘリだけでなく哨戒ヘリも投入した（写真：海上自衛隊）

2011年3月12日、仙台市立荒浜小学校の校舎屋上に接地した航空自衛隊救難隊のUH-60J。機体重量に耐える強度の有無が不明な場所に着陸する場合、機体重量を完全に預けてしまわないよう、ホバリングパワーを維持した状態で接地する。写真の機体も、着陸脚のショックストラットが伸びきった状態である（写真：航空救難団）

避難したまま孤立していた被災者を救出するため、石巻市立寄磯小学校の校庭に着陸したUH-60J。同校は海岸線が複雑に入り組んだ男鹿半島の東側の寄磯岬にある、森の中にある小さな学校で、アクセス道路が1本しかない。周辺家屋の多くが流失したため、住民の避難場所となっていた（写真：航空救難団）

2011年3月14日、栃木県足利市の伏島医院に急患を搬送するため、病院駐車場付近の道路に着陸したUH-60J。東北地方太平洋側の多くの病院が被災したため、急患を遠く他県の病院へ空輸することも多かった。薄暮の中の着陸であり、サーチライトとランディングライトを前方に展張しているのが分かる（写真：航空救難団）

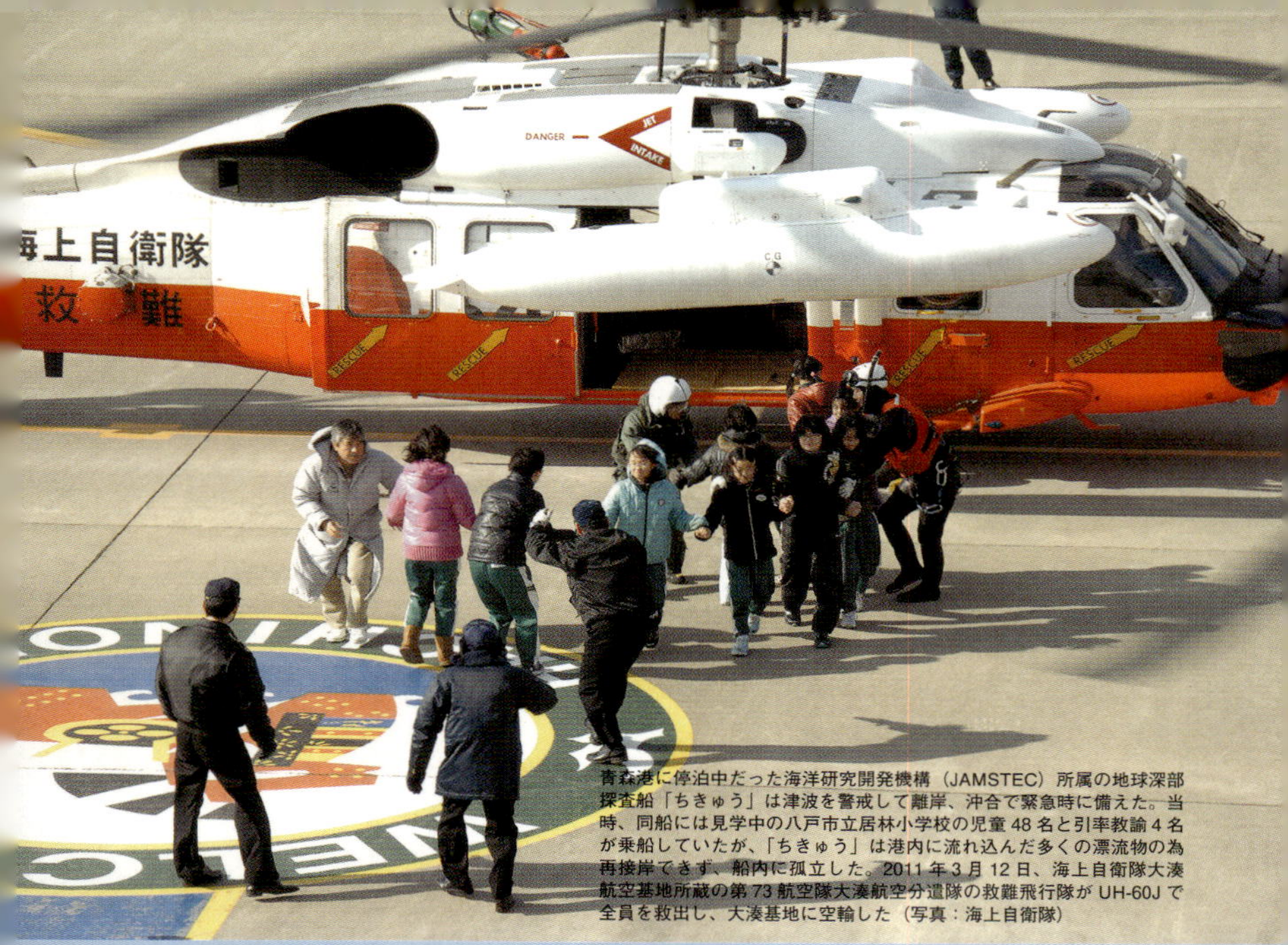

青森港に停泊中だった海洋研究開発機構（JAMSTEC）所属の地球深部探査船「ちきゅう」は津波を警戒して離岸、沖合で緊急時に備えた。当時、同船には見学中の八戸市立居林小学校の児童48名と引率教諭4名が乗船していたが、「ちきゅう」は港内に流れ込んだ多くの漂流物の為再接岸できず、船内に孤立した。2011年3月12日、海上自衛隊大湊航空基地所蔵の第73航空隊大湊航空分遣隊の救難飛行隊がUH-60Jで全員を救出し、大湊基地に空輸した（写真：海上自衛隊）

2011年4月10日、行方不明者一斉集中捜索に向かう海上自衛隊のSH-60K。一斉集中捜索は陸海空自衛隊だけでなく、警察、消防、海上保安庁、米軍などが多数の人員、航空機や艦艇などを投入して実施された。彼らの意識は遺体捜索ではなく、あくまで生存を前提としていたという（写真：海上自衛隊）

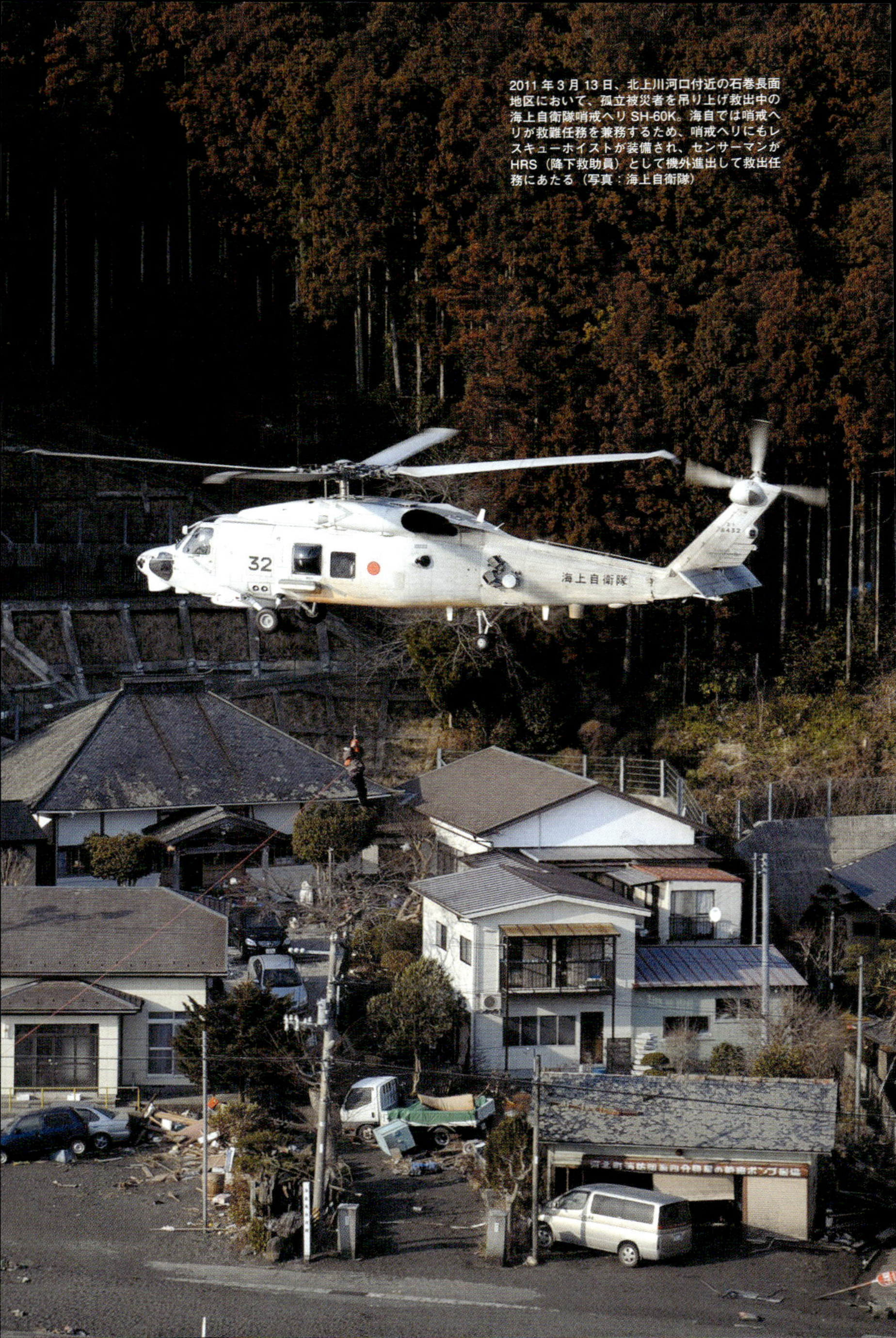

2011 年 3 月 13 日、北上川河口付近の石巻長面地区において、孤立被災者を吊り上げ救出中の海上自衛隊哨戒ヘリ SH-60K。海自では哨戒ヘリが救難任務を兼務するため、哨戒ヘリにもレスキューホイストが装備され、センサーマンが HRS（降下救助員）として機外進出して救出任務にあたる（写真：海上自衛隊）

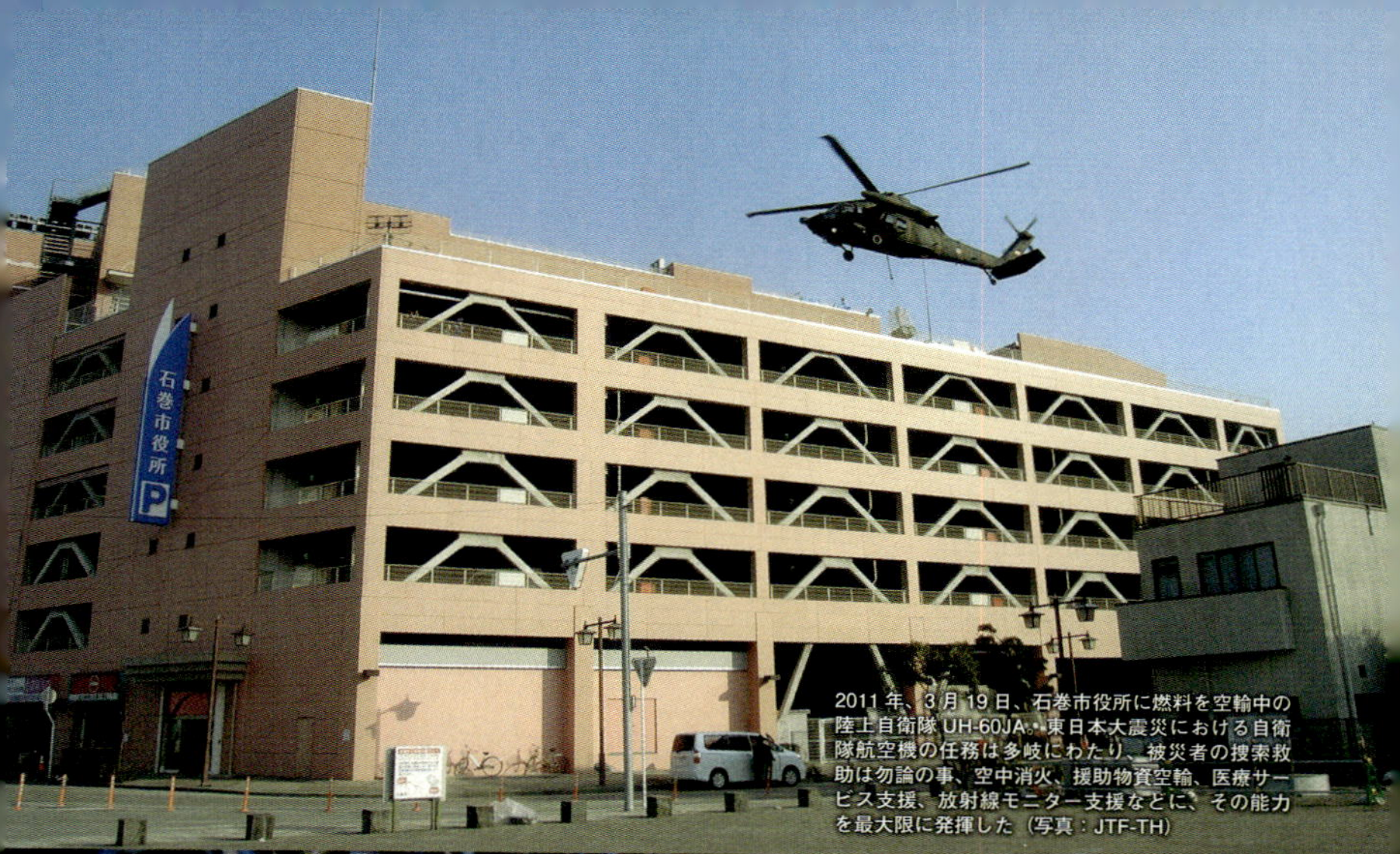

2011年、3月19日、石巻市役所に燃料を空輸中の陸上自衛隊UH-60JA。東日本大震災における自衛隊航空機の任務は多岐にわたり、被災者の捜索救助は勿論の事、空中消火、援助物資空輸、医療サービス支援、放射線モニター支援などに、その能力を最大限に発揮した（写真：JTF-TH）

宮城県の阿武隈地区で、孤立被災者をホイストで吊り上げ救出する空自救難隊の救難員。津波によって家屋が倒壊しないまでも、周辺道路が寸断されたり、津波が運んだ瓦礫で自宅周辺が埋まったりして孤立した被災者は多かった。写真のサバイバーは宮城県岩沼市の総合南東北病院へと空輸された（写真提供：航空救難団）

3月21日、被災地の沖合に待機した海上自衛隊護衛艦「くらま」の後部飛行甲板から、救援物資をカーゴスリングで吊り上げ中の海自哨戒ヘリSH-60J。海自の哨戒ヘリはレスキューホイストを装備し、救難任務を兼務する。ただ、搭載する対潜機材の為にキャビンが狭いため、大量の物資を空輸する場合は、写真のようにキャビンの床下に格納されたカーゴフックを展張して、機外に物資を吊り下げることで実施する（写真提供：JTF-TH）

（写真１段目左）1991年１月11日、北アルプス剱岳４・５のコルで遭難者を救出中の空自小松救難隊のV-107A。標高2600mを超える地点での、強風に煽られながらの救出作業は、同機の性能限界に近い状況である。（写真２段目左）岐阜県防災航空隊のベル412EP「若鮎Ⅱ」。同機は北アルプスの奥穂高岳ジャンダルムにおいて、遭難者救出中にメインローターブレードを岸壁にヒットさせ、墜落、搭乗員が殉職している（写真:小泉“Scotch”正博）。（写真１段目右）日本海で中国漁船で発生した急患を救出中の空自小松救難隊のUH-60J。試験的に施された低視認性の塗装が施されている。（写真２段目右）サバイバーを模したダミー人形をストレッチャーに乗せて、機内収容の訓練中の空自秋田救難隊（写真:杉山潔）。（写真右）北アルプス剱岳に於いて、遭難者を救出中の空自小松救難隊のV-107A。試験的に迷彩風塗装が施されている（写真：特記以外は航空救難団提供）

ストレッチャーを使用して吊り上げ救出訓練を実施中の空自秋田救難隊 UH-60J。キャビンから手を伸ばしているのは、ホイストオペレーターを兼務するFE。2007 年頃の撮影で、機体はまだ白黄色のレスキューカラーである（写真：杉山潔）

ホバリング中の UH-60J からファストロープで進出する秋田救難隊の救難員。ホバリングによる機外進出にはファストロープ、ラベリング、ホイストの 3 つの方法がある。ロープを手で掴んで滑り降りるファストロープは、リスクは高いが着地後直ぐに展開できる利点がある（写真：杉山 潔）

ツバサノキオク

The Memories of Wings

震災・災害に立ち向かう救難最後の砦
自衛隊救難部隊の真実と実態

執筆／杉山 潔

大日本絵画

〈謝辞〉

「ツバサノキオク」の連載及び本書は航空自衛隊航空救難団広報室、航空幕僚監部広報室をはじめとする多くの関係者の支援と協力がなければ実現しませんでした。取材への対応、資料提供、事実関係の確認等、お世話になったすべての方々に謝意を表します。

また、連載及び本書制作に尽力いただいた（株）アートボックスの担当者各位、そして過分なあとがきを寄せて下さった岡部いさくさんにも、心より感謝します。

本書は飛行機模型雑誌 隔月刊『スケールアヴィエーション』2011年9月号から2016年3月号に掲載された「ツバサノキオク」に加筆・修正を加えたものです
なお、本文中の階級は掲載当時のものです

序文

本書を手に取って頂き、感謝します。

本書は、航空機模型専門誌「スケールアヴィエーション」に連載中の拙稿「ツバサノキオク」のうち、2011年9月号から2016年3月号までに掲載された原稿に一部加筆修正したものです。

「ツバサノキオク」を連載しようと考えたのは、1990年から手がけて来た航空・軍事関係の映像作品の取材の過程で得た知識や経験を記録しておきたかったからです。

私は、幼い頃から父の影響で航空機が大好きでした。子供の頃は当時の男の子の例に漏れず、パイロットになりたいと漠然と夢見ていました。しかし、飛行機や戦車のプラモデルに熱中しているうちに視力が急激に低下し、程なくパイロットにはなれない事を知りました。次に夢見たのが航空機を作る側になることです。しかし、これも高校に入学してからすぐ、自分は理系がからきしダメだという現実に直面しました。私は完全なる文系人間だったのです。

以降、「航空」は趣味のひとつと割り切るようになり、高校・大学とのめり込んだアニメーションの世界への憧れから、映像ソフトメーカーに就職しました。そこで出会ったのが各国のエアロバティック・チームの演技や航空機のドキュメントを収録した「航空ビデオ」というジャンルだったのです。「ああ、こうやって『航空』と関わる方法もあるのか」ということを知り、私はアニメーションをプロデュースする傍ら「航空ビデオ」のプロデュースも手掛けるようになりました。そうして早や25年以上が経ったわけですが、その間様々な航空ビデオ作品を手掛けてきました。その制作を通じて様々な組織や人と出会い、得難い経験を沢山させて貰いました。

その中でも特に強く心を動かされたのが、航空自衛隊救難隊との出会いです。彼らは「救難最後の砦」と呼ばれる、航空救難のプロフェッショナルで、高性能航空機と高度に訓練された隊員の組み合わせにより、日本のみならず世界でもトップクラスの救難技術を有しています。彼らの主たる任務は事故で機外脱出もしくは不時着した自衛隊航空機搭乗員の救出ですが、その能力を活かして「災害派遣」という形で民生協力にも従事しています。

彼らと初めて出会ったのは1993年1月の小松救難隊の取材でした。当時はまだスタートしたばかりの『AIR BASE SERIES』という航空ビデオシリーズの第1作、『AIR BASE KOMATSU／航空自衛隊小松基地』の取材対象部隊のひとつという認識だったのですが、第3作品目の『AIR BASE NAHA／航空自衛隊那覇基地』の取材時に、彼らが実際の救難現場で撮影した映像を見せて貰い、その任務のあまりの厳しさに驚くと共に、こういった情報が殆ど報道されていないことに疑問を感じたのです。この事実をどうにかして広く知らしめることはできないか、と考え始めたのはその頃からでした。

その想いが決定的になったのは、1994年12月2日の千歳救難隊のUH‐60Jの墜落事故でした。その前年7月に発生した北海道南西沖地震による津波で大きな被害を受けた奥尻島において、復興作業従事中に負傷した作業員を本島の病院に空輸するという、緊急患者空輸任務に災害派遣出動したUH‐60Jが進出途上に遊楽部岳に墜落し、搭乗員5名全員が殉職するという事故でした。偶然、私はその約半年前に『AIR BASE CHITOSE／航空自衛隊千歳基地』のロケハンで、千歳救難隊を訪れていました。

これから一緒に仕事をしようとしていた部隊から5人の隊員が、一挙に姿を消してしまったのです。全員と直接言葉を交わした訳ではありませんが、これはショックでした。そしてその事故を伝えるマスコミの論調に、私は怒りを覚えました。彼らの多くは、事故を起こした自衛隊に対して批判的な内容を伝えていたのです。民間人の人命救助という民生協力中の事故にも関わらず。こういうアンフェアなマスコミ報道が、「なんとか本当の姿を多くの人に知って貰いたい」という思いに火を着けました。

私は1995年に、『AIR BASE SERIES』のラインナップに航空救難団をテーマにした『AIR RESCUE WING／航空自衛隊航空救難団』を加え、彼らの日常訓練だけでなく、アクチュアルミッションの実録映像や隊員へのインタビューを交えてその任務を紹介する作品を制作しました。この作品は内容に対して高い評価を頂いたのですが、航空・軍事ビデオはあくまでそのジャンルに興味がある人に向けてもの。広く一般に空自救難隊の存在を伝えるには、この題材をエンタテインメントの分野に持ち込む必要があると感じたのです。

そこからミリタリー専門誌「コンバットマガジン」2002年1月号でスタートしたのが、連載コミック『レスキューエンジェル（漫画：トミイ大塚）』です。（『レスキューウイングス―小松基地救難隊―』のタイトルでコミックスが発売中）このコミック連載をキッカケとして私はTVアニメシリーズを製作することを決意、紆余曲折を経て2006年1月からTVアニメ「よみがえる空 ―RESCUE WINGS―」の放送がスタートしました。

物語は、航空学生の教育課程の途中で輸送・救難ヘリパイロットのコースに振り分けられ、戦闘機パイロットになる夢を諦めざるを得なかった主人公が、UH‐60Jのパイロットとして小松救難隊に配属されるところから始まります。複雑な想いを胸に秘めつつ部隊配属された主人公が、厳しい先輩パイロットや個性的な救難員達と災害派遣や航空救難といった様々な任務に臨むうちに、少しずつ自分の居場所を見つけていく、というものです。

この作品は、アニメスタッフによる綿密な取材によって実現したリアルな描写と、職業ドラマとしても秀逸な脚本、クオリティの高いCGIグラフィックから高い評価を頂きましたが、残念ながらビジネスとしては成功作とは言えませんでした。しかし、この作品を視た防衛大学校生が進路希望を航空救難団に変更したり、戦闘機パイロットからCH‐47JにF転を命ぜられ、辞職を考えていたパイロットが航空自衛隊に留まる決心をしたりといった話を聞き、更に本作を製作するキッカケとなった遊楽部岳事故の搭乗員遺族から心のこもったメッセージを頂き、私はこの作品をプロデュースして本当に良かったと思いました。この作品は私のフィルモグラフィーの中でも特に想い入れのある作品として、今でも誇りにしています。

そして、更にこの「よみがえる空」のアニメとコミックを原作として、実写映画の製作が決まりました。2008年12月に公開された『空へ ―救いの翼 RESCUE WINGS―』（監督：手塚昌明）です。航空自衛隊と海上自衛隊の全面協力の下で製作されたこの作品に、私も原作のプロデューサーとして「協力プロデューサー」の役割で参加することになりました。

主人公の初の女性救難ヘリパイロット（フィクション）を、縁あって、２００５年4月に訓練中のＭＵ-２Ａ墜落事故によって殉職された高山和士空曹長の娘である高山侑子さんが演じてくれました。彼女の起用もあってか、作品制作を支援する航空救難団の隊員の皆さんの熱意には並々ならぬものがあり、非常に難しい救難現場の撮影も殆どＣＧを使うことなく実機や救難隊の隊員による撮影が実現したのです。

私はこの一連の幸せな連鎖によって、充分過ぎる達成感と充実感を得ました。ある意味、「もう仕事の上では思い残すことは無いかな」とさえ思っていました。しかし、空自救難隊の活動を勝手に広報しようという想いが更に強まる出来事が起こりました。２０１1年3月11日の東日本大震災です。

東北地方太平洋沖地震が発生した11日金曜日、赤坂のスタジオで仕事をしていた私は当然の如く帰宅困難者の一人となり、当日の夜は上野駅まで寒空の下を徒歩移動し、シェルターになっていた東京文化会館で一夜を過ごしました。幸いなことに発災中、まだ揺れている間に電話したため回線が繋がり、家族の無事を確認し事後の対応方法を指示できていたので冷静に行動することができました。

翌日、およそ20時間後になんとか茨城県の自宅に帰りつく事ができた私は、翌週の月曜日から会社が1週間に渡り出勤停止となったこともあり、電気が復旧すると同時にＴＶで、途中からはＰＣに切り替えて被災地の情報収集ばかりしていました。

途中でＰＣに切り替えたのは、ＴＶで繰り返し流される津波や被災地の映像が子供たちに与える影響を懸念したのと、ＴＶでは欲しい情報が殆ど得られなかったからです。発災翌日の12日には福島第一原発が水素爆発を起こし、放射性物質の降下の可能性から子供たちには外出を禁じたこともあり、ＴＶは子供たちの気が紛れるよう、専ら近所のレンタルビデオ店で大量に借りて来た映画やアニメを流すことに使いました。

ニュース等で流れてくる被災地の状況は凄惨でした。我が家のある茨城県も被災地ではありましたが、その被害規模には天と地ほどの違いがありました。

私はその被災地で活動しているだろう、航空自衛隊救難隊の友人や知己たちに想いを馳せました。津波に襲われた松島救難隊にも友人が勤務していました。

私は自宅に篭り、鬱々としていました。救難隊の友人たちは、家族も顧みず被災地で救難活動を実施している筈でした。友人の軍事ジャーナリストは発災翌日には被災地に向かっていました。知己のドキュメンタリーのカメラマン達も1週間後には被災地で撮影を始めていました。翻って自分はどうか。「こんな時にはエンタテインメントの世界に居る者は何の役にも立たない」と、無力感に苛まれていました。

実はそれまで、任務の邪魔になるかもしれないと思い、部隊や司令部の広報に連絡するのを躊躇っていました。しかし、せめて現地状況を聞いてみたいと思い、発災から約1週間後に松島救難隊に勤務している友人の救難員と携帯電話で話をすることができました。彼は松島基地を離れ、百里救難隊長の指揮下で任務に就いていました。「何か必要なものは無いか?」と聞くと、「生野菜が食べたい。ビタミンが不足している」と返って来ました。2週間後、私は百里救難隊を訪ね現場の状況を聞き、彼らが現場で撮影した映像や写真を見せて貰いました。

「自分にできることを何かしなければ」と考えた私は、松島救難隊に差し入れを届け、その足で被災地の現状を記録しようと決心しました。知己の映像ディレクターである糟谷富美夫氏に、「松島救難隊に援助物資を届け、その足で被災地に取材に行きませんか？　今、私達にできることは大して無いけど、この震災と救難活動を記録に残すことならできるはずです」と声を掛けたところ、糟谷氏はふたつ返事で「行きましょう」と同意してくれました。

４月９日～10日、私たち二人は糟谷氏の車に援助物資を積み込み、被災地と松島基地を訪れました。そこで目にした被災地の光景は想像を絶するものでした。そして、その中で自ら被災しながらも厳しい環境に身を置いて被災者救出と生活支援を続ける、自衛隊を始めとする様々な救難機関の人々の姿を目の当たりにしたのです。

「彼らの姿を作品に残そう」それなら少なくとも自分にできる。そう思って発表のあてもなく活動を始めたわけですが、映像の方は（株）リバプールでちょうど企画がスタートしたばかりの、コンビニルートで販売する自衛隊ＤＶＤシリーズの一作品『絆　―キズナノキオク―』として映像作品化することが決まり、私も企画・協力で参加することになりました。これは東日本大震災での災害派遣に従事した陸海空自衛隊の隊員のドキュメンタリーで、彼らが実際に撮影した映像や写真に加え、我々が撮影した映像を交えて構成しています。

しかし、映像作品はいくつも作ることは難しく、やはり一過性のものになりがちです。そこで、私は親交の深かったふたつの専門雑誌の編集者に、連載記事として彼らの実像を紹介する企画を打診しました。幸いどちらの編集部でも企画を承認してくれました。

それが本書の元となった『スケールアヴィエーション』誌の「ツバサノキオク」と、航空専門誌「航空ファン」の「航空救難団活動記録」です。

こうした経緯でスタートした連載ですので、航空救難団をテーマに取り上げる事が多くなるのはそういう訳なのです。航空救難団自体は航空自衛隊にあっても、あくまで縁の下の力持ちとしての存在です。地味なイメージが先立つかとは思いますが、彼らの任務は平時の災害派遣においても実戦です。しかも、空自救難隊が出動するのは、他の機関が対処不可能と判断するような過酷な状況下であることが多いのです。ミスをすればサバイバーだけでなくクルーまでもが命を落とす危険がある現場で、彼らが何を考え何を求めて任務に就いているか、本書から少しでも感じて頂ければ望外の喜びです。

そして、今後も可能な限り連載を続け、彼ら空自救難隊の、そして時々は救難隊以外の、空を飛ぶこと、航空機を飛ばすことを仕事としてる人達の姿を描いていければと希望しています。

目次

contents

第一章
東日本大震災

episode 1

プロローグ　航空救難団とは

隔月刊『スケールアヴィエーション』2011年9月号「ツバサノキオク　第一回目」初出

既にご承知の通り、航空救難団は今年3月11日に発生した東日本大震災に於いても発災直後から出動し、捜索救難（ＳＡＲ）任務に就きました。瓦礫の中に孤立した被災者を吊り上げ救出する姿や、ビルの屋上に取り残された被災者をビル屋上に直接接地して救出する姿はＴＶニュースなどでも繰り返し流れましたから、読者諸兄の中にもその姿を記憶している方は多いでしょう。しかし、報道されているのは彼らの活動のごく一部なのです。

特に発災約1時間後に襲った大津波で保有航空機（ＵＨ‐60Ｊ【注1】×４機、Ｕ‐１２５Ａ【注2】×２機）を全て失った松島救難隊が被災後何をしていたか？　ニュース等では被災者を救出する手段を失った隊長や隊員が苦悩する姿を伝えていましたが、彼らはただ苦悩して手をこまぬいていたわけではないのです。

そして百里救難隊。松島基地が機能を失い、松島救難隊が航空機を全て失う中で、発災当日から千歳救難隊と共に被災地に対する災害派遣【注3】任務の基幹部隊として、他部隊から

注1：UH‐60J
米国シコルスキー社のUH‐60Aブラックホーク汎用ヘリコプターをベースに、日本独自の要求仕様に沿って改修された機体で、航空自衛隊では救難救助機として採用している。導入から23年が経過しているが、CMD（対ミサイル防御装置）や空中受油装置が追加装備されるなど、能力向上が進められている

注2：U‐125A
米国レイセオン社のビジネスジェット、ホーカー800（BAe125‐800）をベースに、救難捜索機として開発された機体。主な改造ポイントは機体下部に360度捜索レーダー、機首にTIE（赤外線暗視装置）、大型の捜索窓、キャビン後方にマーカーや援助物資の投下装置等を追加搭載している。エンジンにはスラストリバーサが搭載され、短距離離着陸能力が付与されている

の数多くの増強機を指揮下に入れて不眠不休のミッションを実施しました。しかもそれは百里基地も被災し、停電と断水の中で実施されたものだったのです。

航空救難団では、千歳救難隊を基幹部隊とし、秋田救難隊、新潟救難隊、救難教育隊の増強機を加えた前方展開部隊を三沢基地に配置、百里基地に集結させた浜松救難隊、小松救難隊、芦屋救難隊、新田原救難隊、那覇救難隊の増強機と松島救難隊の一部クルーを百里救難隊に配置。陸前高田以北を千歳救難隊、以南を百里救難隊の担当区域としてSAR任務にあたらせました。

メディアがほとんど伝えてこなかった彼らの壮絶な戦いを、ぜひ一人でも多くの方々に知っていただきたいと願っています。

私はこれまで「AIR BASE SERIES」(2001年から「NEW AIR BASE SERIES」としてリニューアル)という実写の航空ビデオやTVアニメ「よみがえる空 ―RESCUE WINGS―」、コミック「レスキューウイングス」、そして映画「空へ ―救いの翼 RESCUE WINGS―」等を通じて、空自救難隊の姿を伝えようとして来ました。

なぜ私がこれほどまでに救難隊に拘るのか？　それは1994年12月に発生したUH-60Jの事故がきっかけでした。

それまでにも私は様々な取材を通じて知った空自救難隊の姿に感銘を受け、これをなんとか広く一般に伝えられないかと思案していました。

注3：災害派遣
自衛隊が要請によって実施する民生協力のひとつ。警察や消防、海上保安庁、自治体防災組織など、既存の救難組織では対処が困難な災害や航空機事故に対し、都道府県知事、海上保安庁長官（管区海上保安本部長を含む）、空港事務所長が発する災害派遣要請により出動する

彼らは軍事組織ゆえ、その出動には様々な制約が科せられています。災害派遣要請権者の限定や出動の三要件がそれです。

災害派遣の要請は誰でもができるわけではありません。都道府県知事または海上保安庁長官（管区海上保安本部長を含む）、空港事務所長だけがその権限を有しているのです。そして、その出動は緊急性、公共性、非代替性の三要件を満たさねばならないことになっています。これは主にシビリアン・コントロールの観点から規定されたものですが、この規定により、空自救難隊に出動要請が来るのは、警察や消防、海上保安庁、自治体防災航空隊が出動を断念するほどの困難な状況になってから、ということになるのです。

それは、暴風雨で時化る遠距離洋上からの漁船員の救出であったり、風雪吹き荒れる厳冬期の日本アルプスでの遭難者救出であったり、また今回のような大規模災害での被災者救出であったりと、いずれも非常に過酷な現場であることが殆どなのです。空自救難隊が「救難活動最後の砦」と呼ばれるのは、彼らが行かねば後にはもう誰も居ないからなのです。

１９９４年12月２日の事故もそんな状況下で発生しました。北海道南西沖地震の復興作業に携わっていた作業員が奥尻島で大怪我をし、急患搬送のため悪天候を押して千歳基地を離陸した千歳救難隊のＵＨ‐60Ｊが遊楽部（ユーラップ）岳に激突、搭乗員５名全員が殉職するという痛ましい事故でした。

当時、この事故を伝えるメディアの多くは「自衛隊ヘリが墜落した。自衛隊は一体何をやっているのか？」という論調でした。ところが、彼らが出動するまでには悪天候を理由に防災ヘリも道警航空隊も陸上自衛隊も出動を断念していたのです。彼らが出動を諦めれば、要救助者はもう助からないかもしれないという状況でした。その結果、悪天候を押して飛んだ彼らが事故死した。それを誰が責められるでしょうか？　彼らは民生協力として民間人の人命救助のために飛んだのです。

彼ら空自救難隊はこれまでにも過酷な救難現場で数多くの民間人の命を救って来ました。しかし、その多くは一般に知られないままとなっています。

私の連載記事では、彼ら空自救難隊が実施してきた数々の救出事案を、できるだけ多くご紹介していきたいと考えています。その手始めとして、まだ読者諸兄の記憶に新しい「東日本大震災」における彼らの活動を、次回から何回かに分けてご紹介します。

episode 2

東日本大震災（その1）

隔月刊『スケールアヴィエーション』
2011年11月号
「ツバサノキオク　第二回目」初出

宮城県の航空自衛隊松島基地に所在する松島救難隊は、今回の震災に伴う大規模な津波によって、保有する航空機を全て失った。これはニュースでも大きく取り上げられたため、読者諸兄もよくご存じの事だろう。

当時は救難救助機UH‐60J×4機と救難捜索機U‐125A×2機が松島基地に配置されており、発災時には松島救難隊のエプロンにはUH‐60J×1機とU‐125A×1機が駐機していた。

1995年（平成7年）1月17日の阪神淡路大震災後、平成7年に修正された防衛省防災業務計画では、災害に対する自主派遣の判断基準が明確化され、震度5弱以上の地震が発生した場合は自主的に被害状況の偵察活動を実施することが可能となっている。従って本来であれば、当日も直ぐに松島救難隊から救難機が発進するはずだった。もし離陸していれば、その後に東日本沿岸部を襲った巨大津波に巻き込まれた被災者を幾ばくかでも救えたかもし

津波に襲われた松島救難隊のハンガー内部。当時格納庫内には UH-60J が 3 機、U-125A が 1 機格納されていた。流入した津波に押し流された航空機は、互いにぶつかり合い、壁面に激突して破壊された。（写真提供：航空救難団）

れない。しかし、当日は降雪による低視程と低シーリング【注1】で救難機すら発進できない状況だったのだ。例え発進できていたとしても、その後松島基地が水没したため、発進した救難機は別の飛行場にダイバート【注2】せねばならなかっただろうし、救助機であるUH‐60Jがホイスト【注3】でピックアップできるのは一度にせいぜい大人10名程度だ。

しかも、発災3分後に発令された大津波警報では、津波の到達まで20分程度と予報されていた。隊長の佐々野真2佐は滑走路状況が不明な為に固定翼機のU‐125Aの発進は早い段階で断念していたが、回転翼機のUH‐60Jについては悪天候を押しても発進させるべきかどうか迷ったという。しかし、最終的に隊員全員の安全を優先、基地内の内務班【注4】3階に対空無線機など最低限必要な装備を移して避難する

注1：低シーリング
シーリングとは雲底高度のこと。航空自衛隊では航空機が離陸できる最低雲低高度を規定している。規定を下回った場合、離陸することはできない

注2：ダイバート
目的地変更のこと。経路上や目的地の基地や飛行場が悪天候などで、飛行もしくは着陸できない場合などに目的地を変更することを言う

注3：ホイスト
救難救助機（救難ヘリ）に搭載されているウインチのこと。UH‐60Jにはキャビン右側の上部に油圧ホイストが取り付けられており、これを利用して救難員の進出や要救助者の吊り上げ救出を実施する

注4：内務班
航空基地内における居住区画のこと。基地内居住者の生活空間

ことを決心した。その際、隊長の補佐役である飛行班長（赤星勝徳3佐）が搭乗員に対して個人装具を身に着けて避難するように指示を出したのだが、この指示が被災直後から重要な意味を持つことになる。

　結果的に津波が松島基地を襲ったのは、警報発令後約60分の事だったという。エプロンに駐機していた2機の航空機は押し寄せる津波に基地内を流され、残りの機体は格納庫の片隅に押し流されてぶつかり合い、航空機はすべて損壊した。松島救難隊は救難活動に使用すべき航空機を全て失ったのだ。しかし、隊員の安全、つまり人的戦力の温存を選択した隊長の判断は、その後に生きることになる。

　航空機を全て失った松島救難隊だったが、翌日には入間基地から飛来した入間ヘリコプター空輸隊のＣＨ-47Ｊ【注5】に、自宅被害が軽微な者や独身者、単身赴任者など移動可能な隊員が、前日の飛行班長の指示で避難させた個人装具を持って搭乗し、埼玉

エプロンのU-125Aはエプロン地区を流され、格納庫の壁面に機首を突っ込んだ形で発見された。
(写真提供：航空救難団)

注5：CH-47J ボーイングバートル社が開発したタンデムローターの大型輸送用ヘリコプター。航空救難団隷下のヘリコプター空輸隊が運用する機体は、通常は主として航空基地とレーダーサイトなどの作戦基地間の物資や人員の端末空輸に使用されている

津波による被災直後の松島救難隊格納庫。格納庫内には流木が流れ込み、航空機はぶつかり合って損壊した。その衝撃は23ミリ機関砲弾の直撃に耐え得るUH-60Jのローターブレードが破断するほどだった。
（写真提供：航空救難団）

県の入間基地へ展開。その翌日にはさらに茨城県の百里基地に移動して百里救難隊の指揮下に、一部は三沢基地に移動して三沢基地に前進展開していた千歳救難隊の指揮下に入り、その日から被災地での捜索救難（ＳＡＲ）活動に参加したのである。

彼らはその後、松島基地が機能を回復し原隊復帰するまでの間、百里基地でＳＡＲ任務に就いた後、３月21日から24日にかけて松島基地へ戻り、他の救難隊から増強された航空機に搭乗して任務を続けたのである。

松島救難隊で捜索救難任務を実施したのは、百里基地や三沢基地に展開した彼らだけではない。航空機を失った松島救難隊は、残った隊員の人力による救難活動を展開した。屈強な救難員達は、部隊に配備されているゾディアックボート【注6】に東松島市から託された毛布数百枚を積み込み、冬期の洋上救出に使用するドライスーツを着込んで、雪が降る中を時に胸まで海水に浸かりながらボートを曳いて基地を出発。徒歩で避難所となっていた

注6：ゾディアックボート 軍や民間で使用されている、空気が充填された硬質ゴム製気密性チューブで作られたゴムボート。衝撃や傷に強く高速航走が可能。航空自衛隊救難隊では救難員の進出用に配備されている

矢本第2中学校及び赤井南小学校に毛布を届けたのだ。そして時には基地の医官を乗せたボートを曳いて巡回検診を支援し、時には水没した家屋に取り残された被災者を徒歩で救出に向かうなど、航空機を失いながらも可能な限りの救助活動を実施した。

海水は海底の泥土と船舶用の重油や流された車から流れ出たオイルなどで濁っており、当然のことながら水温も低い。任務を終えて帰隊しても、断水し停電している基地では風呂に入ることもできない。当初は基地内の海水溜まりの上

エプロンに駐機していたUH-60Jは津波に流され、基地内に張り巡らされたスチームのパイプラインに引っかかる形で擱座していた。（写真提供：航空救難団）

エプロンから基地内を流されたUH-60J（568号機）は、海水が引いた後無残な姿で発見された。発災当時、松島基地には重たい雪が降り、シーリングも低く、視程も悪かった。航空機が発進できる気象状況ではなかったのだ。(写真提供:航空救難団)

澄みで手を洗う程度しかできなかったと云う。冷え切った体を温める暖房もなかったのである。

隊員たちは、夜は内務班の冷え切ったリノリュームの床の上に毛布を敷いて寒さに耐えながら眠り、朝になると周辺地域への支援活動や基地機能の回復の為に休むことなく働いたのだ。

松島救難隊の隊員や家族には幸いにも死亡者こそ居なかったが、津波で家を失った者、親族を失った者が居た。しかし、彼らは自らの事情は横に置き、まずは被災者の為に任務を遂行し続けたのである。

episode 3

東日本大震災（その2）

隔月刊『スケールアヴィエーション』
2012年1月号
「ツバサノキオク第三回」初出

　東日本大震災に対する災害派遣任務遂行中、航空救難団にとってエポックとなる救出事例があった。発災初日の3月11日、航空救難団（空救団）隷下の三沢ヘリコプター空輸隊（三ヘリ隊）のCH-47Jが、初のホイストによるサバイバー【注1】救出を実施したのである。三沢・入間・春日・那覇の空自基地に所在する各ヘリコプター空輸隊（ヘリ空隊）は空救団隷下にあって、保有するCH-47Jにもホイストが装備されている。しかし、実はあまり知られていないが、これまでこのホイストを救難任務において実際に使用したことはなかったのだ。

　大型のCH-47シリーズのローターが揚力と引き換えに発生させるダウンウォッシュ【注2】は凄まじく、ホバリング中のCH-47Jの下には台風並みの猛烈な風が吹き下ろしてくる。ホイストによる吊り上げ救出の際にはサバイバーが猛烈なダウンウォッシュを浴びることになるため、空救団所属のCH-47Jのホイストは物資の吊り上げ・吊り下げ等に使用される

注1：サバイバー
要救助者のこと。航空機から脱出した搭乗員も災害の被災者も等しく「サバイバー」と呼ぶ

注2：ダウンウォッシュ
ヘリコプターのローターが揚力を生む際に作り出す下方への吹き降ろし気流のこと。機体重量の大きなヘリほどダウンウォッシュは大きく、CH-47シリーズのそれは台風に例えられるほど強烈である

(写真上) 松島基地のエプロンに並んだヘリコプター空輸隊のCH-47J。ヘリ空隊も全国の4個部隊から航空機を救援物資空輸に投入した(写真提供：航空救難団)
(写真左) 救援物資の搭載作業準備中のCH-47J。この機体は燃料タンクを大型化し、航続距離を延伸したLRと呼ばれるタイプ(写真提供：航空救難団)
(写真下) CH-47Jのダウンウォッシュの強さを表す写真。離陸のためにパワーを上げたCH-47Jの下には台風並みの強風が吹き降ろしてくる(写真提供：杉山 潔)

（写真右上）写真は本文中の3月11日の陸前高田市でのホイストピックアップ時のものではないが、12日に岩手県釜石市鵜住居のビル屋上からホイストを使用して被災者を救出する三沢ヘリコプター空輸隊CH-47Jのクルー
（写真左上）同じく12日、岩手県釜石市鵜住居で孤立した被災者を救出するためビル屋上に進出した三沢ヘリコプター空輸隊のロードマスター
（写真右下）ホイストで吊り上げ救出したサバイバーをキャビンに収容するロードマスター
（写真提供：航空救難団／全点）

のみだったのである。

那覇ヘリコプター空輸隊において、改めてCH-47Jによるホイスト・ピックアップの検証がなされた。その「実施可能」との結果を基に、その後各部隊で徐々に訓練が始まったのだが、これまで実任務に使用されることはなかった。そのような状況下で、三ヘリ隊のCH-47Jが初のサバイバー救出を実施したのだ。

3月11日の発災直後、三沢基地から離陸し東北自動車道を基点とした内陸部の上空偵察を実施中だった三ヘリ隊のCH-47Jに、別の偵察機から巨大津波に襲われた陸前高田市の状況について連絡が入った。この情報は入間基地への航法訓練の帰路、発災時に偶然被災地上空に差し掛かり、急遽偵察任務を付与された別のCH-47Jからのものだった。

指揮所の指示により陸前高田市へ向かったクルーは、そこで津波によって家屋や車が流され海面が渦巻く陸前高田市の惨状を目の当たりにする。クルーは生存者の姿を求めて低高度低速飛行あるいはホバリングにより生存者捜索を実施、17時30分頃、高度300フィート（約90m）でホバリング中に消防署の屋上に人影を発見した。

水没した建物からの自力脱出は困難で、次の津波が襲ってくる可能性もあり、一刻の猶予も無いと判断した機長は、三沢離陸時の「人命救助を最優先せよ」とのオーダーに従い指揮所へ被災者救出を上申、救出作業に入ったが、周囲は水没し着陸できる場所はなかった。そこで機長はホイストによるピックアップを決心する。

機長はビルへの接近に際して、風向きや障害物の位置、緊急時の離脱方位等、多くの要素を細大漏らさず考慮して進入方向を決定。訓練通り自機のダウンウォッシュの影響を抑えるために屋上から70〜80フィート（約21m〜24m）上空でホバリング、ボイヤントスリング【注3】を装着したロードマスターをキャビン前方右側にあるホイストで降下させた。そして、ロードマスター【注4】が屋上でサバイバーの統制を実施して安全を確保した後、被災者がボイヤントスリングを装着するのを補助して屋上から一人ずつ吊り上げ救出したのである。

注3：ボイヤントスリング
ホイストのフックに装着して使用する柔らかい帯状の装備品。サバイバーの背中に回し、両脇の下を通して装着する。脱落防止用に腰に巻くストラップも付属している。比較的元気なサバイバーを救出する際に使用する

注4：ロードマスター
輸送機のキャビンにおいて人員や物資の搭載・卸下、及び統制・管理を担当する搭乗員。また、搭載貨物の重量を計算して搭載位置を決定するなど、搭載人員・物資に対する責任者でもある

さらに3月12日には三ヘリ隊の別のCH‐47Jがビル屋上で接地による被災者救出を為し遂げた。

釜石市上空を低空飛行で生存者捜索を実施していたCH‐47Jのクルーは、眼下の鵜住居小学校の屋上で手を振る二人の男性を発見した。多数の生徒や教員が取り残されている可能性があると判断した機長は、屋上が着陸には充分の広さがあることから、短時間に多数の人員を収容可能な接地による救出を選択した。

しかし、校舎がCH‐47Jの重量に耐えられるかどうか不明だったため、ホバリング状態で機体を接地させてビルに極力荷重を預けないよう機体姿勢を保持。被災者がダウンウォッシュで転倒しないようロードマスターがサポートし、後部のランプドアからサバイバーを収容した。

今回の震災では、空自や陸自のUH‐60J／JAがビルの屋上に接地して被災者を救出する映像がニュースなどで流れ話題となったが、あのUH‐60J／JAよりも大型で重いCH‐47Jも同様な救出作業を実施していたのである。

ヘリの荷重に耐えられる構造になっているかどうか不明なビル屋上への接地については、ヘリの自重を屋根に預け切ってしまうことのないよう、ホバリングパワーを維持しショックストラットが伸び切った状態で接地させる。このような技術は、救難ヘリが雪山での遭難者救出のために機体を雪面に接地させる際に使用する。CH‐47Jでも分屯基地への冬期の端

この写真は本文とは直接関係無いが、3 月 15 日に実施された石巻市湊中学校での CH-47J による被災者救出の模様である。入間ヘリコプター空輸隊の CH-47J が瓦礫の残る運動場に接地し被災者を収容、石巻総合運動公園へ空輸した（写真提供：航空救難団）

末空輪の際には、雪面に接地することはあるが、それはホバリング接地によるものではなく、ランディング・ギアにスキーを装着して着陸後、機体重量はそのまま雪面に預けてしまうことになる。つまり、CH-47Jでは、ホバリング状態での接地というシチュエーションは通常ではほとんど生起しないのである。

今回の震災では、CH-47Jがホイスト・ピックアップとビル屋上への接地によるサバイバー救出という、これまでに実任務では経験したことのない作業を初めて実施したことになる。周囲の状況を判断してそれを決心した機長も立派だが、クルーを信頼してその上申に許可を与えた指揮官の胆力も素晴らしいものだったと言えるだろう。

三日間の停電・断水に見舞われていた三沢基地もまた被災地だった。家族と連絡が取れない者、実家が津波に流され親兄弟と連絡が取れない者もいた。そのような状況下でも自らのことよりも被災者救出を優先させ、このような困難な任務を実施できたのは、一人でも多くを救いたいと一丸となった三ヘリ隊員全員が、自らの職責を強く認識していたからだろう。

第一章 東日本大震災

episode 4
東日本大震災(その3)

隔月刊『スケールアヴィエーション』
2012年3月号
「ツバサノキオク第四回」初出

3月11日の東日本大震災とそれに伴う巨大津波は、東北地方から関東にかけての約600km以上に及ぶ太平洋沿岸部に壊滅的な打撃を与えた。その津波は宮城県東松島市に所在する航空自衛隊松島基地【注1】をも襲い、基地が保有する航空機が全て水没損壊するという大きな被害をもたらしたのである。松島基地の航空機被害はF-2B戦闘機×18機、T-4練習機×4機、UH-60J救難救助機×4機、U-125A救難捜索機×2機。被害総額は当初2300億円とも云われていた。

この結果に、「なぜ翼を持つ航空機を空に避難させなかったのか」との批判も多い。しかし、これは当を得た批判なのたろうか？

発災時は松島基地には水分の多い重たい雪が降っていた。東松島市に隣接する石巻市の気象庁観測データに拠れば、当日発災直前の14時には20・3kmだった視程が15時には約3・54kmとなっており、天候が急激に悪化していたことが分かる。

注1：航空自衛隊松島基地　宮城県東松島市に所在する航空基地。所属する主たる部隊は航空教育集団隷下の第4航空団と航空救難団隷下の松島救難隊。第4航空団にはF-2パイロットの養成を担う第21飛行隊と広報専門部隊である曲技飛行チーム「ブルーインパルス」(第11飛行隊)が所属。学生教育を担う基地のため対領空侵犯措置任務には就いておらず、スクランブル待機は実施していない

実際、松島基地に所在する第４航空団では、発災直前の14時９分に天候偵察の為にＴ‐４練習機を離陸させ、その情報により、当日の飛行訓練についてはオールデイ・キャンセルと決定していたのだ。

なお松島気象隊はＴ‐４の着陸直後、以降視程が１０００ｍを切るという予報を出している。この数値は航空機が安全に離陸できる視程基準値**【注2】**を下回る。実際、松島基地に津波が押し寄せる様が撮影されたビデオには、水分を含んだ重たい雪が降りしきる様子が記録されているのだ。

これらのことからも当時は航空機を安全に発進させられる状況下にはなかったことが分かるだろう。

そして、航空機が離陸できなかった要因は天候だけではなかった。云うまでもなく、津波そのものの到達時間である。

東日本大震災の本震の発災は14時46分18秒。その約４分後の14時49分に気象庁が大津波警報を発令している。それによれば宮城県には15時０分に６ｍの津波が到達することになっていた。松島基地の司令部がこの情報を得たのが14時55分のテレビ放送。松島基地への津波到達は15時５分と予想された。その時点で猶予は僅かに10分だったのだ。

天候要因を無視したとして、果たしてこの10分でＦ‐２Ｂを離陸させることは可能だったのだろうか？

注2：安全に離陸できる視程基準値
この基準値は航空機の種類や誘導設備（ＴＡＣＡＮかＰＡＥか、等）にもよって違う。松島基地の場合はＦ‐２Ｂのような単座機であれば１６００ｍと規定されている

津波に襲われた直後、3月12日の松島基地の空撮写真。海抜2mの松島基地は約6m（気象庁調べ）の津波に襲われた。基地全体が津波に呑み込まれ水没、海水は丸一日以上引かなかった。水が引いた後の滑走路や誘導路、エプロンは泥土に覆われ一部が瓦礫に埋まっていた（写真提供：航空救難団）

発災時、エプロン【注3】に駐機されていた飛行可能な航空機は第21飛行隊のF-2B×8機と松島救難隊のUH-60J×1機、U-125A×1機だった。それ以外の航空機は既にハンガーに格納されたり、整備格納庫で点検・整備を受けていた。当日フライト可能なF-2Bは、エプロンの8機とハンガー内の6機の計14機だったことになる。

松島基地は震度7の激震に見舞われていた。航空機を離陸させるためには、滑

注3：エプロン
航空機が駐機されるスペースのこと。駐機場

走路に損傷がないか確認することが絶対に必要となる。航空燃料を満載した固定翼機が離陸滑走中に擱座炎上したら大惨事になりかねないからだ。実際、２００３年7月26日に発生した宮城県北部地震では、松島基地は震度6強の直下型地震に襲われ滑走路が損傷している。

まず約２７００ｍと約１５００ｍの２本の滑走路が損傷を受けていないか確認しつつ、ハンガーに格納された航空機をタグ【注4】でエプロンに曳き出し、パイロットが装具を装着し、地震による機体損傷がないかのチェックを含めた外部点検及び内部点検【注5】の後にエンジンをスタート、フライトコントロールチェック【注6】を行ない、14機もの航空機が順次タキシング【注7】して離陸することになる。10分ではどうやっても時間が足りない。

特に脚回りについては、かなり入念なチェックを実施する必要があったはずだ。脚が損傷を受けていたら離陸滑走中にトラブルに見舞われる可能性もある上、無事離陸できたとしても、脚により大きな負荷が掛かる着陸時に擱座する可能性もある。なお、松島救難隊のU-１２５Ａなどは地震の揺れにより前脚の車輪が真横を向いてしまっていたという。

そして、航空機はパイロットだけで飛ばすことはできない。１機にはそれぞれ3名程度の整備小隊員が就き、各種チェックや誘導の任にあたる。20分後には津波が来襲することが予想されている標高2ｍの松島基地のエプロンに、数十名の隊員を立たせることになるのだ。

そもそも、当時は大きな余震が頻発していた。離陸滑走中に大きな余震に見舞われたら航空機が滑走路を逸脱して擱座炎上することも考えられる。第４航空団司令が全隊員に対して

注4：タグ
航空機を牽引する為の専用車両のこと。トーイングバーを脚に取り付け、それを介して牽引する。ハンガーから航空機を曳き出したり移動させる際等に使用する

注5：外部点検及び内部点検
エンジンスタートをする前のチェックのこと。航空機の周りを右回りに一周して外部を点検するエクステリア・チェック、コクピット内でハーネスの装着状況や装置の設定等を確認するコクピット・チェックを実施する

注6：フライトコントロールチェック
エンジンスタート後、タクシーアウトする前に実施する操縦装置のチェックのこと。地上の整備員と連携してフラップやエルロン、エレベーター、ラダー等の動翼や、スピードブレーキ等の作動状況に異常がないかチェックする

注7：タキシング
エプロンや誘導路を地上走行すること

（写真上）航空機の被災状況。この F-2B は津波に流され機首が庁舎に突き刺さった状態で発見された。海水が引いた後、このような光景が基地のあちらこちらで見られた。航空自衛隊では水没損壊した 18 機の F-2B のうち 6 機を修復し再使用することにしている（写真提供：航空救難団）
（写真下）津波に流され瓦礫に半分埋まった状態の T-4 練習機。第 21 飛行隊所属のこの機体は、飛行隊の要務連絡用として配備されていたもの（写真提供：航空救難団）

（写真右下）エプロンに駐機していた松島救難隊のUH-60Jは、基地内暖房用スチームのパイプラインに引っかかった形で発見された（写真提供：航空救難団）

避難命令を出したのは14時56分頃。14時46分の本震から僅か10分間のこの時点で、本震の他に震度4クラスの余震が2回、基地を襲っていたのだ。

実際に津波が基地を襲ったのは警報発令の約1時間後、15時53分のことだった。上記の様々なリスクを無視すれば、確かに数機は救えたかもしれない。しかし、それは結果論に過ぎず、多くの隊員が発進準備中に津波に呑まれて命を失っていた可能性も高い。

これまで、宮城県沖で30年以内にマグニチュード7・4前後の大地震が発生する確率は99％

と予想されていた。そのため、従前より宮城県では自衛隊も加わった防災訓練を重ねてきた。

海岸線からわずか約1㎞しか離れていない松島基地でも様々な訓練が実施されてきており、全隊員の避難には30分の時間を要することが確認されていた。津波来襲まで10分との情報から、全隊員に避難を命じた松島基地司令の杉山政樹空将補（当時）の判断は適切だったと云えるだろう。そしてこれは筆者の想像だが、司令はこの命令を出すにあたり、航空機を失うことに関する全責任を負う覚悟を決めていたのではないか。

この咄嗟の判断により、松島基地内において犠牲者は皆無であった（後に、基地の外で活動していた1名の死亡が確認されている）。隊員が無事だったからこそ、その後基地機能の復旧活動や周辺地域への災害派遣活動も迅速に実施できたのである。それにより、ほどなく基地機能は回復し、松島基地は被災地の中の物資空輸の拠点として、震災後の捜索救難・復興に重要な役割を担うことができたのである。

（写真上）被災で一時的に基地機能を喪失した松島基地だったが、被災翌日から懸命の復旧作業を実施。12日には回転翼機の離発着が、16日には固定翼機の離発着が可能となり、被災地只中の空輸拠点として重要な役割を果たした。実は松島基地に米空軍特殊作戦群の特殊作戦機 MC-130P が着陸可能だったからこそ、仙台空港の復旧が早期に実現したのである。写真は松島基地のエプロンに並んだ空自と米軍のC-130輸送機。
（写真下）松島基地の司令部庁舎から第11飛行隊（ブルーインパルス）の庁舎とハンガーを望む。津波によって基地は水没した。ブルーインパルスの T-4 はこの時、たまたま九州新幹線開業記念式典のオープニングフライトの為に芦屋基地に展開しており、難を逃れた（写真提供：第4航空団／2枚とも）

episode 5

東日本大震災(その4)

隔月刊『スケールアヴィエーション』
2015年5月号
「ツバサノキオク第二十回」初出

2011年3月11日、東北地方太平洋沖地震に端を発した東日本大震災が発生、2万5000名弱の人的被害を出し、1万6000名近い人命が失われた（2015年3月10日現在)。震度7という巨大地震にも関わらず、家屋やビル等の倒壊による死亡者はかなり少なく、犠牲者の約9割は青森県から千葉県に至る太平洋沿岸部に来襲した巨大津波による水死だとされている。そのため、震災発生直後（3月22日）に判明した行方不明者は1万3500名以上であり、その後の集計によって最大数は約1万5400人（4月15日）に登った。この時点で行方不明者の多くは津波に呑まれて溺死していたと思われる。津波が引いた後には多数の犠牲者の遺体が残されたが、海に引き込まれた遺体も多かった。

陸海空自衛隊や警察、消防、海上保安庁による懸命の行方不明者捜索により、津波による犠牲者の遺体が続々と収容され、日を追うごとに死者の数が増え、行方不明者の数が減っていった。しかし、海に引き込まれたと思われる行方不明者の捜索は難航し、多数の行方不明

（写真上）石巻市の日和山公園の展望台から望んだ門脇町及び南浜町地区。海岸沿いのこの地区は津波の直撃を受けて壊滅状態となった（写真提供：杉山 潔）
（写真左）門脇町の西光寺の被災跡に立てられていた水子地蔵。足元に子供の学用品が供えられていた（写真提供：杉山 潔）

者が発見されずにいる。現在（編注：2015年時点）でも2600名近くが行方不明とされている。

なかなか進展しない行方不明者捜索の状況を打開すべく、発災から程なく「行方不明者一斉集中捜索」が実施された。これは自衛隊、米軍（トモダチ作戦に基づく）、海上保安庁、警察、消防等の連携による大規模な捜索ミッションで、4月に計4回実施された。第1回は4月1日～3日、

（写真上）第２回行方不明者一斉集中捜索のため、航空自衛隊松島基地に集結した救難機。（写真右）宮城県東松島市大曲浜地区の石巻港に隣接する住宅地に、津波によって運ばれた２隻の船舶。大きい方は山形県立加茂水産高の実習船。この地区には大型の貨物船や漁船など、多数の船が陸上部に無残な姿を晒していた（写真：杉山 潔／２点とも）

第2回4月10日、第3回4月25日〜26日である。この一斉集中捜索に対応するため、航空救難団は全国の救難隊から捜索機U-125Aや救助機UH-60Jを松島基地に集結させ、空からの捜索の中核として活動した。

筆者は4月10日の第2回実施時に、支援物資の差し入れを兼ねて松島救難隊を訪れその様子を取材した。私が取材した第2回集中捜索では、松島基地にUH-60J×10機、米陸軍のUH-60A×1

機が展開、空自の救難機は松島救難隊長の佐々野真2佐（当時）の指揮下に入り、任務を実施した。

ご存知の通り、松島救難隊は東日本大震災の本震が引き起した巨大津波によって所在航空機の全てを失い、捜索救助の初動を担えなかった。航空救難団は本来松島救難隊が管轄すべきエリアの捜索救助を、主に北海道の千歳救難隊及び茨城県の百里救難隊に全国の救難機を集結させ、実施したのである。

本来自分たちが担うべきエリアを他部隊に任せなければならないことについて、隊長の佐々野2佐は後日「頼もしくもあり、自ら担えない寂さもあった」と語っている。その松島救難隊が基幹部隊となる一斉集中捜索には佐々野2佐にとって特別な想いがあったようだ。「これこそが、今我々がやらねばならない任務だ」との強い使命感があったという。

一斉集中捜索当日、印象的だったのは、佐々野2佐によるブリーフィングだった。庁舎が津波によって使用不能となっていた松島救難隊は、旧第22飛行隊の庁舎を仮庁舎として使用していた。その2階のブリーフィングルームは、全国の救難隊から増強された様々な部隊マークのパッチを胸に着けた救難隊員達でごった返していた。

MR（モーニングレポート）【注1】に臨む佐々野2佐は疲労の色を隠せないでいたが、それでも「現場では予想外の状況が生起し得る。機長が自ら判断し、安全にミッションを実施せよ。不明点があれば、通信が錯綜しない程度にオペレーションに問い合わせよ。事前に聞いてな

注1：MR（モーニングレポート）
飛行隊毎に朝の始業時に実施される情報伝達のためのミーティング。気象隊による天気予報の他、人員や航空機の現況や当日のミッション等についての確認と情報共有が行なわれる

いからできないでは済まされない。一人でも多くの行方不明者を家族のもとに帰そう」と力強く訓示した。

発災から既に1カ月が経過しており、私には行方不明者の生存は不可能に思えた。その殆どは既に死亡し、遺体の収容が続く精神的に辛い任務になるだろうと考えていた。しかし、彼らはまだ行方不明者を生存しているものと見做していたのだ。一斉集中捜索にあたった多くの救難隊員が「私たちは行方不明者を死者として考えていませんでした。生きているものとして、生存者を探す目線で捜索を続けました」と語っている。通常の災害派遣では、空自救難隊の任務は生存者の捜索救助である。死亡が判明している場合は任務の対象外となる。だから、私は彼らが遺体でも収容できるよう、便宜的に生きているものと見做しているのだろうと考えていた。しかし、ある救難ヘリパイロットはこうも話してくれた。

「もし遺体で収容することがあるとしても、ご遺体が戻ってくることで家族も初めて死別を納得することができるでしょうから意味があります。でも、当時の私たちにとって行方不明者は生きている前提でした」

行方不明者一斉集中捜索では、実質的に本来任務ではない遺体の捜索・収容も視野に入っていた。しかし、それでも彼らは「1%でも生存の見込みがあるなら見つけ出して連れて帰ってあげたい」(あるベテラン救難員)と考えていたのだ。

このミッションでは、参加する組織ごとに大まかな役割分担がなされた。空自救難隊に課

（写真左上）佐々野２佐の指示に傾注する救難隊員たち。胸のパッチから、様々な部隊から増強派遣されていることが分かる
（写真上右）指揮にあたる佐々野２佐
（写真左）ブリーフィングで指揮下の救難隊員たちに命令を下達する松島救難隊長佐々野２佐（写真提供：杉山 潔／３点とも）

された役割はヘリから行方不明者を捜索し、発見した場合は地上もしくは海上の陸上自衛隊や海上自衛隊の収容チームに位置を連絡、収容を引き継ぐというものだった。空自救難隊には機外進出してサバイバーを救出し機内に収容する救難員が居る。しかし、この時の任務にはあくまで捜索に特化された。このことについては、後に主に若手の救難員から疑問の声が上がることになる。

episode 6

東日本大震災（その5）

隔月刊『スケールアヴィエーション』
2015年7月号
「ツバサノキオク第二十一回」初出

東日本大震災に対する災害派遣において、3回実施された行方不明者一斉集中捜索では、航空自衛隊救難隊に課された任務は行方不明者の空中捜索だった。上空から徹底的な目視捜索を実施し、行方不明者を発見した場合は地上の陸上自衛隊や洋上の海上自衛隊の収容チームに位置情報を伝達して引き継ぐというものだった。

ご存知の通り、救難隊には救難ヘリから機外進出してサバイバーを救出する救難員が所属している。彼らは荒れた海でも吹雪の高山岳でも機外進出し、過酷な遭難現場で自らも生き延びつつサバイバーを救出する能力を有している。当然、洋上に浮かぶご遺体を収容することは造作も無い。その彼らが収容ではなく捜索しかできないことに、主に若手の救難員から不満の声があがっていた。ある救難員は筆者にこう話してくれた。

「私達は機外進出してサバイバーを救出する専門職です。その為の訓練を受けています。でも、海上に行方不明者が浮いているのを見つけても、目の前のサバイバーを降下して収容する

陸上自衛隊の捜索チーム。泥濘の中に行方不明者が埋もれていないか、ゾンデ棒を手に丁寧に捜索している（写真提供：杉山 潔）

ことができませんでした。洋上の収容チームに引き継いだ方がミッション全体から考えれば効率的な場合もあるでしょう。でも、収容チームの到着までサバイバーをロストしないように上空で30分近くホールドしなければならないケースもあったんです。その間に沈んでしまうことも考えられます。それでも、じっと上空から見つめる事しかできない。『今俺達が降下すれば、すぐに海から連れて帰ってあげられるのに』、そう考えると正直遣り切れない想いを抱きました。ご遺体と向き合う事も、我々の仕事です。もしその点に配慮があったのであれば、我々は大事にされ過ぎたと思います」

軍事組織の命令には、特段補足的な

説明は付かない。上官の命令があればそれに従うのが自衛官としての務めだ。ただし、自衛隊においては上官の意思決定に際しては階級の下位の者からの意見具申（リコメンド）が認められている。それを利用して自らの所属する部隊の隊長に対して「我々に収容させて下さい」と直訴する者も現れたという。

直訴を受けたある隊長はその時のことをこう語っている。

「上官の命令には必ず意図があり、我々は組織で動いている。個人的な思いを優先することができないことは当然あります。その救難員には、リコメンドを聞いた上で『上級司令部には上級司令部の意図がある。ダメなものはダメだ』とはっきりと伝えました。我々の上級司令部の幕僚は、同じレスキューファミリーとして信頼の置ける方々でした。その上級司令部が発した命令ですから、私は疑問を持つことはありませんでした」

そしてこう続けた。

「しかし、その気持ちは人として自然な事です。血気盛んな若い救難員の気持ちはよく分かりましたから、もし収容の命令が下った時に即応できるよう、ご遺体収容のための器材を自作するなどして備えることを指示しました」

サバイバーがご遺体の場合、長期間海に浸かっていることから水を吸って脆くなっていることが予想された。収容の際にご遺体を傷付けたりその一部を失ったり脱落させたりする事のないよう、そして身に付けている遺品を紛失したりする事のないよう、彼の部隊ではサバ

地上の捜索チームを上空からサポートする陸上自衛隊の汎用ヘリ UH-1J（写真提供：杉山 潔）

イバーの全身をネットで包み込むことのできるストレッチャーを自作したという。しかし、結果的にはそのストレッチャーが使用されることは無かった。

なぜ、上級司令部はサバイバー収容能力のある救難員にそれをさせなかったのか。その点について、ある幹部は上級司令部の意図をこう説明してくれた。

「家族にとって大切なご遺体を少しでも傷付けないためには、洋上であればカッターのような小型のボートで収容した方が良いのです。また、一旦収容したご遺体を載せたままで長時間の捜索を続行することはなかなか難しい。かといって、収容する度にＲＴＢ【注1】していたら、広大な捜索範囲を効率的にカバーすることは困難です。ヘリのキャビンで傷んだご遺体を長時間の目の当たりにする隊員の、精神的な負担も考慮されたかもしれません。そういった事を考えると、私は上級司令部の決定は適切なものだったのではないかと思います」

海上自衛隊が撮影したビデオには、舷側の低いカッターでご遺体に横付けし、毛布のような布で全身を包んで布ごと数人で丁寧に揚収する様子が記録されている。確かにこの方法の方が、より丁寧・確実に収容が可能だったはずだ。

しかし、空自救難隊がご遺体となった行方不明者の収容を、まったく検討していなかったわけではない。別の隊長は「収容チームが周辺に居ない場所でご遺体を発見したら、我々が収容する。この点は最初からクリアでした」と明言している。

震災当時航空自衛隊第４航空団（松島基地）司令を務め、その後、航空救難団司令となった杉山政樹空将補（現航空支援集団副司令官）は、彼ら救難員の事をこのように語っている。「彼らの熱い想いは良く分かります。先のマレーシア航空機の捜索の際もそうでしたが、Ｃ-１３０Ｈから捜索する救難員たちは、〝自分たちの見落としは許されない〟との想いで実施したと聞いています。それが彼らのプロとしてのプライドであり、そのために飛行高度、捜索パターン等を細部に渡ってパイロットにリクエストしたそうです。私は、特技は特技とし

注1：ＲＴＢ
Return To Base の略。基地に帰還すること

（写真上）米陸軍から一斉集中捜索に参加したUH-60A。このミッションには陸海空自衛隊、海上保安庁、警察、消防、米軍など、多数の機関が投入された
（写真下）ブリーフィングを終え、捜索ミッションのため搭乗機に向かう救難員たち。「一人でも多くの行方不明者を家族の元へ帰そう」という松島救難隊長佐々野真２佐（当時）の言葉を胸に任務に就いた彼らの中には、自らの手でサバイバーを収容できない事に複雑な想いを抱く者もいた（写真提供：杉山潔／２点とも）

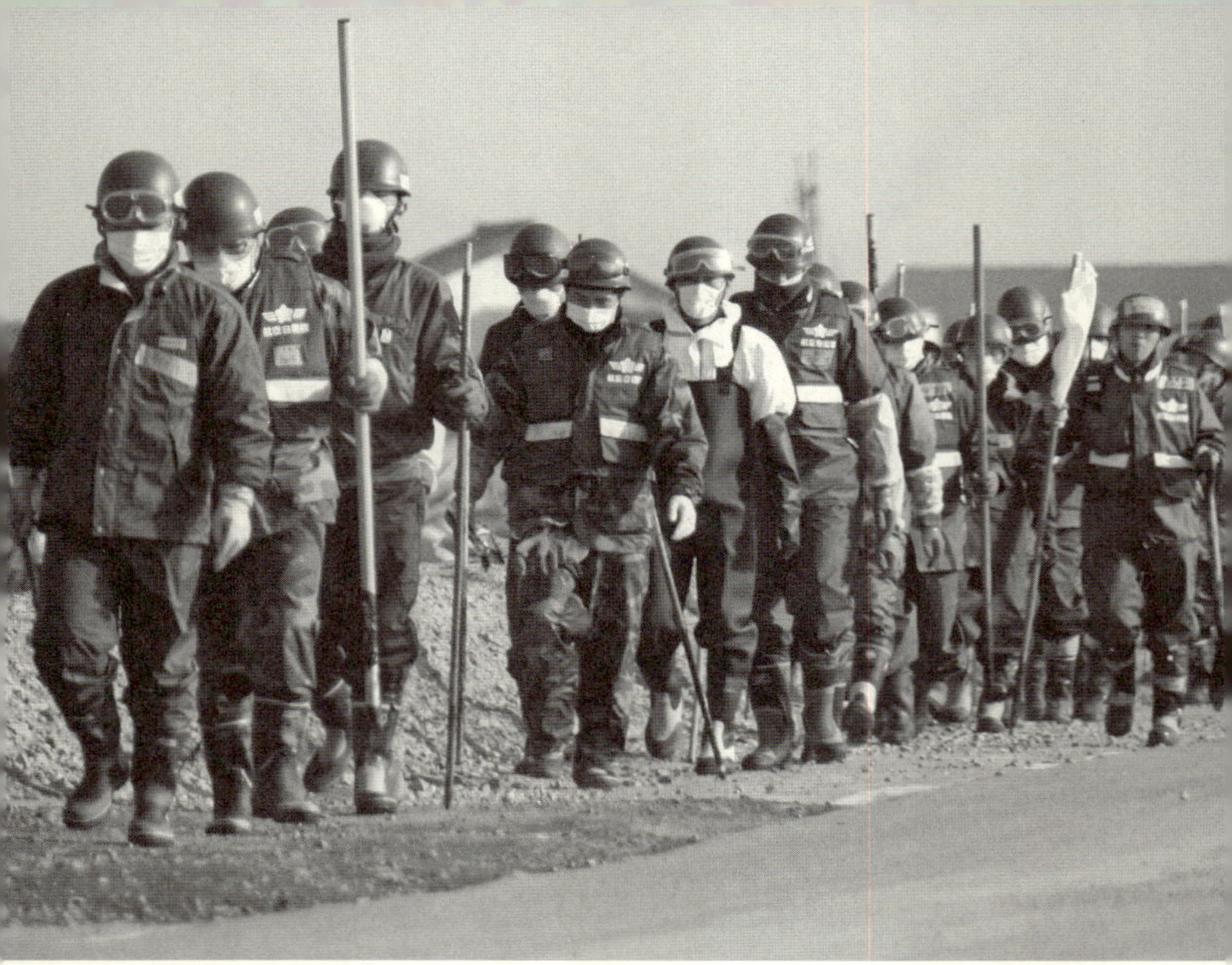

航空自衛隊から一斉集中捜索に投入されたのは救難隊だけではない。写真は地上の捜索に向かう第４航空団の隊員達。災害派遣用の空色のベストを着用し、手には泥濘に埋もれた行方不明者を捜索するためのゾンデ棒を手にしている（写真提供：杉山 潔）

ての主張をすべきだと思います。空曹であろうと、自分達の能力を活かすために〝これはできる／できない〟と明快に言って構わない。むしろそれも務めのひとつだと思います。我慢しながら言われたことだけをするのではなく、これからも自分たちの考えを積極的に意見具申して欲しいと考えています」

防衛省では、先の震災に対する災害派遣が終結した２０１１年8月30日以降、現場の隊員達から様々な形で意見を吸い上げ、今後に

第二章
航空救難と災害派遣

向けて改善すべき点の洗い出しを行った。その結果は「東日本大震災への対応に関する教訓事項」という報告書（公開）として２０１２年11月に纏められている。全てのミッションにパーフェクトは有り得ない。その中で反省すべき点は反省し、次回に生かしていく取り組みは、今後の様々な災害派遣出動に於いて必ず活かされるはずだ。

episode 7

災害派遣任務中の事故

隔月刊『スケールアヴィエーション』
２０１３年３月号
「ツバサノキオク第九回」初出

北海道の航空自衛隊千歳基地に所在する千歳救難隊の隊舎の正面玄関を入ると、壁面に透明アクリルでカバーされたモニュメントが目に入る。これは、ある事故の記憶を風化させないようにと、千歳救難隊創設50周年記念事業の一環として設置されたものだ。その事故とは１９９４年12月２日、同隊のＵＨ‐60Ｊ（５５４号機）が２１４２時にレーダーロストして行方不明となり、７日０８５０時に爾志郡熊石町遊楽部岳南側約１㎞の地点で山頂付近に激突した状態で発見されたものである。この事故は、１９８８年に調達が開始された後、部隊運用がスタートしたばかりの新型機の事故ということで、救難関係者に大きな衝撃を与えた。

当時、この事故の一報を受けたマスコミは自衛隊機の事故ということで、批判的ニュアンスで報道した。特にある報道番組のキャスターは、事故機も発見されず事故原因も特定されていない段階で「自衛隊は一体何をやっているのか」という趣旨の発言を電波に乗せたのだった。

（写真左）千歳救難隊の隊舎玄関正面に設置された、事故を記録し飛行安全を祈念するモニュメント。事故機の写真の両側には、任務実績と共に飛行及び地上安全の記録が掲示され、日々書き換えられている
（写真右）モニュメントに設置された事故機のサイクリックスティックのグリップは、千歳救難隊50周年当時の隊長だった中澤２佐（当時／現１佐・秋田分屯基地司令兼秋田救難隊長）が、各方面に問い合わせて探し出し入手したもの。アクリルのカバーを開けて、誰でもが握ることができる。写真は筆者の手。このグリップを握ることが念願だった（写真提供：杉山 潔／２点とも）

しかし、この事故機は災害派遣任務中だった。1993年7月12日に発生した北海道南西沖地震で発生した大津波により、壊滅的な打撃を受けた奥尻島被災地の復興作業に従事していた作業員が大怪我を負い、生死に関わる事態となったことから北海道知事が災害派遣を要請したものだった。当時は一部地域に雷雲が発生するほどの悪天候だった。そのため道の防災航空隊も消防も道警も、さらに陸上自衛隊もヘリのフライトを断念し、最後に出動要請を受けた千歳救難隊が夜間の緊急患者空輸に向かったのである。彼らが飛ばなければもう誰も負傷者を救出に行けない状況だった。彼らが出動を断れば患者は命の危険に晒される。「救難最後の砦」を自認する彼らは、その事を

遊楽部（ユーラップ）岳山頂付近に墜落したUH-60Jの残骸。当時は悪天候のため、レーダーロストから事故機発見まで約5日間を要した。遺体収容は救難ヘリで行なわれたが、現場付近には道路もなく厳冬期の北海道の山中ということもあり、事故調査に欠かせない機体の回収には大きな困難を伴った（写真提供：航空救難団）

認識していただろう。そして悪天候を突いて患者を収容に向かったＵＨ-60Ｊは墜落、結果５名の搭乗員全員が殉職し、後に別のヘリで搬送された負傷者も収容先の病院で亡くなるという、痛ましい顛末となった。

行方不明となったＵＨ-60Ｊの捜索には陸海空自衛隊と海上保安庁が動員されたが、悪天候だったこともあり不明機はなかなか発見できなかった。ＵＨ-60Ｊがレーダーから消えた後、山腹に激突した無残な姿で発見され搭乗員５名全員の遺体が収容されるまでの５日間、搭乗員の家族は夫や父親や息子の安否も分からない状況下に置かれたのである。その不安、心労は如何ばかりだったろうか。

彼らは民生協力として人命救助のために出動し、結果不幸にも殉職した。事故はあってはならないことだし、その原因は特定され今後に生かされなければならない。しかし、同時に何故彼らが悪天候にもかかわらず飛んだのかということについても理解されてしかるべきだろう。

筆者がＴＶアニメ『よみがえる空』をプロデュースする切っ掛けとなったのが、この事故だった。当時のマスコミの、事実を検証しないままに一方的に批判する論調に強い憤りを感じ、他の救難組織が対処不能と判断したクリティカルな状況下で人命救助にあたる、彼ら航空自衛隊救難隊の実像を広く知らしめることができないかと考えたのだ。それまでにも実写の空自ドキュメント・ビデオシリーズ『AIR BASE SERIES』等で彼らの姿を紹介してはいたものの、そもそも軍事に興味の薄い一般の人たちの目に触れるようにするには、エンタテインメントの世界にこの題材を持ち込む必要があると感じ、その可能性を探っていた。その結果、漫画連載に引き続きＴＶアニメを製作することになった。そしてそれは後日、映画『空へ ―救いの翼 RESCUE WINGS―』として結実することになった。

それがどの程度の影響力を持っていたかは定かではない。しかし、最近は空自救難隊ひいては自衛隊の人命救助についてはは理解がかなり進んできたと感じている。それは、２００７年３月30日の陸上自衛隊ＣＨ‐47ＪＡの墜落事故を伝えるマスコミの論調からも感じられ

遊楽部岳の山腹に横たわったUH-60Jの機体はコクピット部分が大きく損傷していた。悪天候によって機体の発見に時間を要したため、その間、搭乗員の家族たちは、夫や父の安否が不明のまま、不安な日々を過ごすことになった。UH-60Jは当時最新鋭の救難ヘリであり、導入開始直後の新型救難機の墜落事故は、航空自衛隊にも衝撃を与えた（写真提供：航空救難団）

た。陸自那覇駐屯地の第101飛行隊（当時／第15飛行隊に改編）に所属するCH-47JAが災害派遣で夜間緊急患者空輸のために徳之島に向かった際、島の山頂付近に墜落し搭乗員全員が殉職したこの事故では、報道当初より同機が災害派遣で人命救助任務に就いていたことが報じられたのだ。

また、2011年3月11日に発生した東日本大震災に伴う巨大津波により壊滅的な被害を受けた被災地での、陸海空自衛隊による救助・復旧活動が大きく報道されたことにより、自衛隊の存在そのものに対する認識も大きく変わったといえるだろう。

自衛隊が実施する災害派遣任務について、その中でも自衛隊でしか成し得ない困難な状況下での人命救助任務について、理解が広がることは大変喜ばしい。この理解を更に広め、持続させる努力を今後も微力ながら続けたい。

冒頭に紹介したモニュメントは2007年8月に千歳救難隊長として赴任した中澤武志2佐（当時）が創設50周年記念事業として特に拘ったものだ。中澤2佐は着任した際、この事故の記録が部隊内で体系的に纏まっていないことに危機感を感じ、事故の記憶が風化しないよう資料集の作成と共にモニュメントの設置を決めたという。そこには「我々は忘れない」との言葉と共に事故現場の写真が掲げられ、事故機のものだったサイクリック・スティックのグリップが設置されている。これは「パイロットが最後まで握っていたグリップを握って『その時』に想いを馳せることができるように」との意図から、アクリルカバーを開けて誰もがそのグリップを握れるように配慮されている。

筆者も昨年冬、ある報道番組の取材アテンドで部隊を訪問した際、中澤2佐から聞いていたこのモニュメントに黙礼を捧げ、グリップを握った。そして微力ながら、殉職した彼らだけでなく、航空自衛隊航空救難団の姿を今後も伝え続けていく決意を新たにしたのである。

episode 8
災害における自衛隊の救助活動（前編）

隔月刊『スケールアヴィエーション』
2013年9月号
「ツバサノキオク第十一回」初出

1995年1月17日の阪神淡路大震災、2004年10月23日の新潟県中越地震、2007年7月16日の新潟県中越沖地震、2011年3月11日の東日本大震災と日本ではここのところ立て続けに大規模地震が発生し、その度に多くの被害が発生してきた。このような災害時には自衛隊による災害派遣活動が行われることが多いが、では災害派遣とは一体どのような活動なのだろう。

災害派遣は自衛隊法第6章第83条に基づいて実施されるものであり、自衛隊の本来任務のひとつとして規定されているが、自衛隊法第3条では「自衛隊は、わが国の平和と独立を守り、国の安全を保つため、直接侵略及び間接侵略に対しわが国を防衛することを主たる任務とし、必要に応じ、公共の秩序の維持に当るものとする」と自衛隊の任務を規定しており、自衛隊の主任務はあくまで外敵からの防衛であり、災害派遣は本来任務ではあるが「公共の秩序の維持」に該当する「従たる任務」ということになる。

阪神淡路大震災において援助物資空輸を実施する航空自衛隊の CH-47J（写真提供：航空救難団）

主要任務でありながら「従たる任務」というのも分かりにくいが、それでも現在でこそ主要任務となっている災害派遣も、実は阪神淡路大震災以前は主要任務の余力の範囲内で実施する「付随的任務【注1】」とされていたのである。

阪神淡路大震災では、災害派遣が遅れたとしてマスコミやメディアに登場するキャスターやコメンテーターと称する「有識者」によって自衛隊や政府の対応を批判する発言が相次いだ。曰く「なぜ出動が遅れたのか」「なぜ目の前の災害に対して自らの判断で出動しないのか」「なぜ数万人規模の部隊をすぐに動かせないのか」云々。あまつさえ「自衛隊は命令されることに慣れてしまった人間の集団なので、自分

注1：付随的任務
自衛隊の任務は大きく「本来任務」と「付随的任務」に分けられる。自衛隊法第8章に規定されている付随的任務は、本来任務の余力の範囲で実施することになっている。2009年8月1日に防衛庁が防衛省に格上げになった際には「国際緊急援助活動」や「国際平和協力業務」「周辺事態法に基づく後方地域支援」等が本来任務に格上げとなり、現在規定されている付随的任務は「土木工事等の受託」「教育訓練の受託」「運動協議会に対する協力」「南極地域観測に対する協力」「国賓等の輸送」「ACSA（物品役務相互提供協定）」である

で出動の是非を判断できないのだろう」などという世迷言をTVで公言する呆れた人物も現れた。軍事組織である自衛隊が「自らの判断」で出動できることが果たして適当なのか、文民統制（シビリアンコントロール）をどう考えているのか。

軍事組織である自衛隊の災害派遣出動には様々な制約がある。例えば災害派遣要請権者の限定。これは災害派遣を要請する権限を持つ者を規定している。①都道府県知事、②管区海上保安本部長を含む海上保安庁長官、③空港事務所長がそれである。そして、自衛隊の出動には①公共性、②緊急性、③非代替性の3要件が満たされることが必要となる。これらの制約はいずれも軍事組織の文民統制の観点から設けられたものだ。軍事組織が自らの独自判断で好きなように部隊を移動させることができるとしたら、それこそ有識者の憂慮する事態をいとも簡単に生起させることができるだろう。常日頃二言目には「文民統制」をお題目のように唱え、自衛隊の行動を縛ろうとする彼らがこのような発言をするのだから、いかに「文民統制」という言葉を都合良く解釈しているかが分かろうというものだ。

軍事組織の独断専行を防止することだけが文民統制ではない。軍事組織を如何に活用するかを、文民が自らの責任で決めることもまた文民統制だ。民主主義国家に於いては「戦争をしない」と決めるのも「戦争をする」と決めるのも文民なのだ。軍事組織はその決定に従うのみ。つまり、文民統制とはそれだけ文民が負うべき責任が重いということだ。陸海空自衛隊の最高指揮官は文民たる内閣総理大臣だ。「文民統制」を錦の御旗に掲げる者は、憲法第

（写真左上）孤立した老人ホームから歩行困難な高齢者を背負ってヘリに運ぶ航空自衛隊のロードマスター（3 月 18 日）（写真提供：航空救難団）
（写真右上）放射性粉塵等の付着を防ぐため防護服とゴーグル、防塵マスクを着用して、福島第一原発付近で瓦礫除去にあたる陸上自衛隊員（写真提供：JTF-TH）
（写真左下）海水温の低い 4 月の海で行方不明者を捜索中の海上自衛隊水中処分隊のダイバー。瓦礫の浮遊する危険な海に潜り、行方不明者の捜索や遺体の収容を行なった（写真提供：JTF-TH）
（写真右下）宮城県亘理郡亘理町の水没地域からおぶって住民を避難させる、陸上自衛隊第 10 施設大体の隊員（写真提供：JTF-TH）

66条に「内閣総理大臣、その他の国務大臣は文民でなければならない」と規定されている意味をもう一度よく考え、その旗の重さを知るべきだろう。

その観点から視れば、阪神淡路大震災での自衛隊出動の遅れは、ひとえに兵庫県知事による災害派遣要請が遅れたことが原因と言えるだろう。地震発生は1995年1月15日5時46分で、陸上自衛隊への災害派遣要請は10時10分。発災から実に4時間30分後だった。知事は8時20分には県庁に到着していたにも関わらず、である。

その間、自衛隊は手をこまぬいていた訳ではない。発災4分後の5時50分に陸上自衛隊中部方面航空隊八尾駐屯地【注2】では偵察ヘリの発進準備に入っていたし、同時刻に伊丹の第36普通科連隊【注3】が営内居住者３００名による救援部隊の編成を開始している。そして6時35分には、伊丹警察署の要請による先遣隊が阪急電鉄伊丹駅へ向けて出発している。これは自衛隊法第83条第3項に規定された近傍派遣に基づいて実施されたものである。近傍派遣は「庁舎、営舎その他の防衛庁（当時）の施設又はこれらの近傍に火災その他の災害が発生した場合においては、部隊等の長は、部隊等を派遣することができる」と規定されており、都道府県知事等からの要請は必要とされない。つまり、その時自衛隊は法の範囲内で可能な限りの対応を即座に取り始めていたのだ。

6時30分には中部方面総監部【注4】が非常勤務体制に入り、その後姫路の第3特科連隊【注5】でも6時50分に非常呼集により出動態勢を構築し始めていた。7時14分には八尾駐屯地がAH-1S【注6】戦闘ヘリを偵察のために発進させたが、これは出動要請がないため訓練名目だった。8時11分には海上自衛隊徳島教育航空群【注7】のS-61Aが徳島航空基地を発進して淡路島を偵察し「被害甚大」と報告、地上でも近傍派遣による救助活動が開始されていた。

そのような中、知事は8時20分に登庁し対策会議を開くものの、災害派遣要請を出さなかったのだ。9時40分には神戸市長が県知事に対して早急に自衛隊の災害派遣を検討するよう要

注2：陸上自衛隊中部航空方面隊八尾駐屯地
大阪府八尾市に所在する陸上自衛隊駐屯地。八尾空港に隣接しており、中部方面航空隊と第3飛行隊（第3師団）が所在している。陸上自衛隊航空部隊の基地として、UH-1H／J、OH-6D、OH-1といったヘリコプターを運用する

注3：第36普通科連隊
陸上自衛隊第3師団隷下の普通科（所謂「歩兵」）連隊。兵庫県伊丹市の伊丹駐屯地に所在し、大阪府北・中部及び兵庫県東部地区25市4町を担任地域とし、防衛警備と災害救援等に当たっている

注4：中部方面総監部
陸上自衛隊の5個方面隊の一つ、中部方面隊の指揮官である中部方面総監（陸将）の幕僚組織。兵庫県伊丹市の伊丹駐屯地に所在する。東海、近畿、中四国地区2府19県を担任し、防衛警備や災害派遣等に当たっている

注5：第3特科連隊
兵庫県姫路市に所在する姫路駐屯地に駐屯している特科（いわゆる「砲兵」）連隊。第３師団の隷下部隊であり、主として155㎜榴弾砲FH70

請したものの、結局陸上自衛隊に派遣要請が出たのは10時10分、それも防災係長が要請したもので、知事は事後承諾の形となった。その間、海上自衛隊も事態に即応するため呉の補給艦や輸送艦に援助物資を積載して神戸に向かわせたが、結局海上自衛隊への派遣要請は19時50分、航空自衛隊に至っては21時だった。

を装備する

注6：AH・1S
陸上自衛隊の主力対戦車ヘリコプター。ベル・ヘリコプター・テキストロン社が汎用ヘリUH・1をベースに開発した攻撃ヘリで、原型初飛行は1965年。前席にガナー、後席にパイロットが乗るタンデム方式のコクピットを採用することで、機体幅を極限し被発見率を低減している。機首に20㎜ガトリングガンを装備し、TOW対戦車ミサイルや対戦車ロケット等を搭載することが可能

注7：海上自衛隊徳島教育航空群
徳島県板野郡松茂町の海上自衛隊徳島航空基地に所在する。TC・90とUC・90を使用して海上自衛隊の操縦士教育を担う、第202教育航空隊が所属している

episode 9

災害における自衛隊の救助活動（後編）

隔月刊『スケールアヴィエーション』
2014年1月号
「ツバサノキオク第十二回」初出

1995年の阪神淡路大震災では、行政による災害派遣要請の遅れから自衛隊の出動に必要以上に時間を要し、結果6400名以上が様々な原因によって死亡し4万3800名近くが負傷した。自衛隊は軍事組織であるがゆえに大規模な部隊を独自の判断で移動させることができない。それはシビリアンコントロール（文民統制）下にある軍事組織として当然の事であり、それでも周辺の基地や駐屯地は、法の範囲内で可能な限りの対処行動を取っていたのは前々号でご紹介した通り。

軍事組織をいかに使うかを決めるのは文民の側であり、軍人はその決定に従うのみ。民主主義国家における文民と軍人の関係性を象徴的に表していたのは、湾岸戦争開戦決定の過程におけるブッシュ大統領とパウエル統合参謀本部議長のやりとりだろう。当初、開戦を主張するブッシュに対して、パウエルは最後まで反対していた。ベトナム戦争に陸軍少尉として従軍し二度負傷した経験を持つパウエルは、開戦によって米国の若者が多数死傷することを

2011年3月17日に福島第一原発に対する冷却水の空中放水任務に就いた、陸上自衛隊第1ヘリコプター団のCH-47J。バンビバケットはCH-47Jの機体下部3箇所にあるカーゴフックのうち、中央のセンターフックに懸吊する。このセンターフックはキャビンの床下に格納されており、使用するにはキャビン床の扉を開けてフックを展開する必要がある。そのため、フック使用時には常にキャビン床に開口部ができる。FE（機上整備員）がこの穴から覗き込んで放水タイミングを計るためタングステンシートで塞ぐことができない。この穴は透明のアクリル板で塞がれたが、当然ながら放射線には無効である（写真提供：JTF-TH）

分かっていたのだろう。しかし、最終的に政治が開戦を決定すると、パウエルは黙って従った。その後はただひたすら短期間に圧倒的かつ効率的に戦争に勝利するかということに意識を切り替えたはずだ。民主主義国家における軍人の本分とはそういうものだろう。

自衛隊にしても同じこと。災害にせよ有事にせよ、自衛隊の行動を決定するのは文民なのだ。

では、阪神淡路大震災後に文民たる政治家は、大規模災害における自衛隊の活動につ

（写真上）東日本大震災に於いて、陸海空自衛隊は実に多岐にわたる活動を実施した。写真は岩手県の山田町において入浴サービスを実施中の陸上自衛隊（写真提供：JTF-TH）
（写真左）航空自衛隊のCH-47Jによる、岩手県大槌町での森林火災に対する空中消火の模様。バンビバケットを使用している（写真提供：航空救難団）
（写真下）地震や津波によって倒壊した橋は、陸上自衛隊施設科部隊によって応急的に橋が架けられ、捜索や物資輸送に効果を発揮した（写真提供：JTF-TH）

いてどのような見直しを行なったのだろう。実は災害派遣が付随的任務から主要任務に格上げになり、震度5弱以上（現在は震度5強以上に変更）の地震が発生した場合は情報収集のために自主派遣することが可能になったこと、市町村長が都道府県知事に対して災害派遣要請を出すことを要望することができるようになったことくらいなのである。震災直後には日本にも米国のＦＥＭＡ（Federal Emergency Manegiment Agency ＝連邦危機管理庁【注1】）のような組織横断的な調整機関を創設するべきだとの意見も出たのだが、それもいつの間にか聞こえてこなくなった。このような災害時にいかに自衛隊を活用するかを決め、その為の法律を整備することこそが文民の役目のはずなのだが、実態はお寒い状況が続いている。

そのような中で発生したのが２０１１年3月11日の東日本大震災である。阪神淡路大震災以降、各地で発生した大規模地震災害（新潟県中越地震、新潟県中越沖地震、岩手宮城内陸地震等）の教訓が生きていたのだろう、この時の各都道府県知事からの災害派遣要請は早かった。震災の発端となった東北地方太平洋沖地震発生が14時47分、岩手県知事からの派遣要請は実に5分後の14時52分、宮城県は15時02分、茨城県16時20分、福島県16時47分、青森県16時54分、北海道18時50分、千葉県12日01時00分となっている。特に岩手県と宮城県については、普段から地震に伴う津波の被害については非常に警戒しており防災意識が高かったことも、早期派遣要請に繋がっていると言えるだろう。その他地域は若干遅めだが、大規模停電が発生し、沿岸部が巨大津波で壊滅状態だったため、被害状況の把握に手間取った結果かも

注1：連邦危機管理庁
アメリカ合衆国に於ける大規模災害（天災・人災）に対応する政府機関。アメリカ国土安全保障省（ＤＨＳ）の一部機関で、大規模災害の際には連邦機関、州政府、地元機関の業務調整を担う

しれない。ともあれ阪神淡路大震災発災当時、革新系の知事が普段の防災訓練から自衛隊をパージし、一説によると災害派遣要請の方法を知らなかったとも言われる兵庫県とは、自治体の防災に対する意識の違いがはっきり現れたと言えるだろう。

そして自衛隊は政府の決定した10万人派遣計画【注2】に従い、海上保安庁や警察、消防、DMAT【注3】などの医療機関、民間救助隊、更に米軍やオーストラリア空軍など、他国の軍隊と連携して大規模で長期間に渡る人命救助や復旧支援、生活支援を実施したことは記憶に新しい。東日本大震災における自衛隊の災害派遣活動は概ね上手くいったと言えるが、実は今回の災害派遣では文民統制の根底を覆しかねない問題が発生していたのである。

3月12日に東京電力福島第一原子力発電所において津波による電源喪失を原因とする水素爆発が発生し、自衛隊始まって以来の原子力災害派遣【注4】が発令された。冷却水が漏れた燃料棒プールで露出した燃料棒を冷やすため、自衛隊ヘリによる空中放水が計画されたが、筆者はこの意思決定の過程には非常に問題があったと考えている。

当時の北澤防衛大臣の会見に関する報道に拠れば、この計画は菅総理と北澤大臣が発案し、統合幕僚長が実施を決断したことになっている。文民統制の観点からみれば、北澤大臣のこの発言は異常だと言わざるを得ない。当時メディアでも、「無責任」との批判がなされたが、「無責任」程度の問題ではないのではないか。陸海空自衛隊の最高指揮官は言うまでもなく文民たる内閣総理大臣である。その総理が指揮権を放棄した……つまり文民が文民統制を放棄し

注2：10万人派遣計画
東日本大震災時、菅首相が指示した震災対応の陸海空自衛官を10万人体制にする計画。約23万人の自衛官の半数近くを災害派遣に当てるという前代未聞の指示であり、自衛隊の本来任務である我が国の防衛に支障が出ないように調整が為された

注3：DMAT
災害派遣医療チーム＝Disaster Medical Assistance Teamの略。大規模災害や事故が発生し、地域の救急医療体制だけで対処できない場合に派遣される医療チームで、医師、看護師、業務調整員（救命救急士、薬剤師、事務員等）で構成される

注4：原子力災害派遣
1999年9月の東海村JCO臨界事故をきっかけに同年11月に制定された原子力災害対策特別措置法に関連して、自衛隊の任務に追加された。東日本大震災では原子力施設への冷却放水やモニタリング、避難区域での捜索、除染等を実施した

（写真右上）2011年3月15日海上自衛隊八戸航空基地に於いて補給艦「はまな」に空輸する物資を搭載中の掃海ヘリMH-53E。自衛隊最大のヘリは、物資空輸に於いてもその搭載能力の高さを遺憾なく発揮した（写真提供：海上自衛隊）
（写真左上）3月12日及び13日海自徳島航空基地に於いて救難飛行艇US-2が救援物資を搭載、被災地に向かった。被災地の命を繋ぐ救援物資の空輸のため、陸海空自衛隊はあらゆる種類の航空機を投入した（写真提供：海上自衛隊）
（写真左）3月17日岩手県宮古市津軽石に於いて、生存者捜索及び瓦礫除去にあたる第2師団第25普通科連隊及び第2施設大隊の隊員たち。がれき撤去にあたっては、瓦礫に埋もれた被災者を重機で傷つけないよう手作業で捜索を実施し、しかる後に重機で瓦礫を除去、道路を啓開した（写真提供：JTF-TH）
（写真下）3月14日、瓦礫に覆われた宮城県亘理群亘理町に於いて、孤立被災者をホイストで吊り上げ救出する第10師団第10飛行隊のUH-1J。サバイバーは子供のようだ（写真提供：JTF-TH）

たに等しいのだ。この件について、文民統制との関係性にまで言及したメディアを筆者は知らない。この点からも、文民統制の本質を理解していないメディアがいかに多いかということが判ろうというものだ。

この空中放水作業は危険を伴うものだった。メディアでは作戦に投入された陸上自衛隊第1ヘリ団の輸送ヘリCH-47Jには被曝に対する安全対策が取られたと報道されていた。確かにキャビン底面にタングステンシートを敷き、クルーは化学防護服【注5】（放射線防護服【注6】ではない）を着用して装面するなど対策は施された。しかし、それらは主に放射性物質を体内に取り込まないようにするための内部被曝対策であり、外部被曝については極力低減させる程度の対策でしかなかった。コクピットの風防や、放水用バンビバケット【注7】懸吊用フックを使用する際の、キャビン底面の開口部から透過する放射線は遮断のしようがないからだ。

つまり、この任務はクルーの被曝が前提だったのだ。このような危険を伴う任務に送り出す際に、自分たちの最高指揮官たる総理大臣や防衛大臣から「我々は考えただけ。決めたのは統合幕僚長」と言われたクルーは、その言葉をどう受け止めたのだろうか。自らの都合によって指揮権を放棄するような指揮官を、果たして自らの命を投げ出さねばならないような事態が生起した際、彼ら自衛官は信用することができるだろうか。

あの時政治家は、「今回の任務は大きな危険を伴う。しかし、日本を救うために絶対必要な任務である。君たちには危険を覚悟で任務を遂行してもらいたい。結果については政治が

注5：化学防護服
NBC兵器に対処するための特殊な防護服。有毒気体やウィルス等の人体への付着や吸引を防ぐ。自衛隊では陸自の化学科部隊に配備されている

注6：放射線防護服
放射線による被曝を低減するための防護服。放射性物質の体内への侵入を防ぐと共に、外部放射線を一定程度遮蔽することが可能。陸上自衛隊中央特殊武器防護隊が装備

注7：放水用バンビバケット
主に森林や都市部の広域火災の空中消火用に使用される。ヘリコプターの下部フックに懸吊し、上空から一気に7.6tの水（CH-47用HL7600の場合）を投下して消火する

責任を負う。そして、万が一の際の君たちの家族の面倒は、政府が責任をもって見る」と言わねばならなかったのではないか。

有事ではない災害派遣についてすら、自衛隊を取り巻く当時の政府の文民統制に対する姿勢はこの体たらくだった。メディアはむしろこの点を問題視すべきだったのではないか。この点からも、文民統制の本質を理解していないメディアがいかに多いかということが判ろうというものだ。その後政権は交代したが、今後は有事にせよ災害時にせよ、政治家のみならずメディアや一般国民の文民統制に関する認識が改善されることを期待したい。

episode 10

山岳遭難事故について(前編)

隔月刊『スケールアヴィエーション』
2014年5月号
「ツバサノキオク第十四回」初出

「ツバサノキオク」のタイトルからは少し外れるが、山岳遭難事故に対する報道や世間一般の批判的な誤解に対して事実関係を明らかにしたい。

大学時代からワンダーフォーゲル部で訓練を受け、就職してからも山岳縦走を楽しんできた身(子供が生まれてからは殆ど入山していないが)としては、近年の中高年登山者の登山に対する安易な姿勢や意識には正直怒りすら覚える。しかし、山岳遭難に至るには様々なケースがあり、すべてをひと括りにして批判する気にはなれない。

山岳遭難事故が発生する度、「登山という道楽で遭難したのは自己責任だから、すべての捜索・救出に掛かる費用を負担させよ」という意見を多く耳にする。時には「レジャーで遭難した者を、税金を使って救う必要などない」という極論も目にすることがある。果たしてそれは的を射た批判なのだろうか?

まずは実態を整理したい。

（写真左）要救助者の元へ進出する救難員。登山者は、自分が遭難すると救助活動に携わる人間をも危険に晒すことになることを認識するべきだろう（写真提供：航空救難団）
（写真右）剱岳で救出作業中の小松救難隊V-107A。高山岳地での救出作業には、救出する側にもリスクが付きまとう（写真提供：航空救難団）

■山岳遭難事故と海難事故の件数比較■

少し古いデータだが、平成20年度の登山による山岳遭難者数は1281名（山菜採り・茸採りを含まない）。残念ながら非常に多いのは事実だ。その中で死者・行方不明者は281名（山菜採り・茸採りを含む）となっている。

それに対して平成20年度のマリンレジャーにおいては、プレジャーボートの遭難が901件発生している。水上バイク以外のプレジャーボートには複数の乗員が乗っているのが普通だから、遭難者数に換算すれば恐らくその倍、少なく見積もっても1500人程度は遭難していると考えられるだろう。また、遊泳中や釣り中に発生した事故での遭難者数は401人だから、それを加えればマリンレジャーでの遭難者数は2000名近くになる計算になる。

死者・行方不明者はプレジャーボートの遭難

が43名、それ以外のマリンレジャーでの遭難が302名だから、合計は345名だ。

レジャーを道楽と言うなら、これだって「道楽」で遭難した人たちだろう。山岳遭難者を助ける必要がないという人達は、これらの人たちも皆見殺しにしろと言うのだろうか？もし山岳遭難事故に対する公的機関のコストを自己負担させるなら、ゲレンデスキーで立ち木に衝突して防災ヘリ等で搬送される場合や、海上保安庁による海難救助についても同様にしなければバランスが取れないだろう。

そもそも事故や遭難者の捜索・救助は行政サービスの一環だ。国には国民の生命財産を保護する義務がある。個人の力の及ばない捜索・救助活動については、行政機関の力が必要不可欠なのであり、我々が税金を納めているのは、そのためでもある。

もちろん、だからと言って海や山にレジャーに出かける者が無責任で良い訳はない。無謀な、あるいは安易な行動によって救助機関の出動件数が増えれば税負担も増えることになるし、救助活動の増加によって救助隊員が危険に晒されるリスクを増やすことにもなる。レジャーは基本的に自己責任であり、レジャーを楽しむ者自らが遭難を防ぐ努力が必要なのは言うまでもない。

■山岳遭難事故と海難事故の公的費用負担■

実は、海の遭難では民間で捜索・救助できる範囲が限られているため、捜索救出活動において海上保安庁や自衛隊などの公的機関が関与する割合は、山岳救出で警察や自衛隊が関与する割合よりも高い。従って、国庫等負担率はむしろ海難救助の方が大きいといえる。つまり、山岳遭難事故への対応だけが突出して税金を消費しているわけではないのだ。

なお、船舶を所有する際には必ず「漁船保険」や「マリンレジャーボート保険」に加入することになっており、民間船の借り上げ費用等についてはこの保険で補償されるため、一般的に海の遭難は山の遭難より個人負担費用が遥かに少なくて済むといわれている。また、漁船などが「いつ自分が救助される側になるかもしれないから」と「シーマン・シップ」の精神（この場合は「相身互いの精神」）に基づき、手弁当で捜索に参加する場合も多い。

■山岳遭難の捜索救出費用の個人負担■

山で遭難した場合、その捜索・救出にかかる費用の多くは現在でも個人負担である。通常、山岳遭難の場合は各地の遭難対策協議会が中心となった民間救助団体が即応的に救助活動を実施するが、彼らの日当や保険料（一人一日当たり合計3～10万円程度）は遭難者ないしその遺族に請求が回ることになる。また、民間のヘリが捜索・救助に飛んだ場合はその費用（1時間約50～60万円と言われている）も当然請求される。特に冬期に長期間行方不明になった場合など、発見・遺体収容までの費用が１０００万を超えるケースも決して稀ではない。

警察や自衛隊の出動についてのみ国庫等の負担となるが、それはつまり、民間のヘリが飛んだ場合と官のヘリが飛んだ場合には、その自己負担費用に天と地ほどの差が出るということだ（一部の不届きな遭難者が、「警察のヘリならきてほしいけど民間のヘリならいらない」などと呆れた発言をするのはこのため）。

山岳遭難で問題なのは、多くの登山者が山岳保険に加入していない点にあるだろう。山岳保険を引き受けている損害保険会社は多くはないが、加入さえしていれば、これらの個人負担費用の一部を補償してくれる。死亡・後遺障害に対する保障は会社によってまちまちだ。捜索救出に掛かる救援者費用については概ね150～500万円と上限が設けられていて、救出にかかった全額が補償されるわけではない。救援者費用保障が500万円以下では、ヘリによる捜索を含む長期の捜索費用を賄いきれない可能性が高いが、保障金額が低いのも遭難が多すぎるというのが理由だろうから、結局は登山者の問題に帰するのだが。

近年の登山者に問題は多い。しかし、だからと言って、行政がケースバイケースで費用請求の有無を決めることには、私は反対だ。それは遭難者の命の値段を行政が決めることに他ならないからだ。生命の危機に晒された時、その命の値段を行政に値踏みされるような社会は、私はまっぴら御免だ。

とまれ、山岳遭難事故が多発する状況をこのままにして良いはずはない。山岳遭難が頻発してそれに警察や消防・自衛隊の手が取られることで、他で起きた事故や災害への対処に影響が出る恐れだって当然あるだろう。

何より登山者自身が意識を変えなければならない。杜撰な計画や装備不足、体力や技術を考慮しない無謀な登山による遭難事故の多くは「起きなくて済んだ遭難」だし、少しバテたくらいで携帯電話でタクシーでも呼ぶかのように安易に救助ヘリを呼ぶなど、登山者側が相当タガを締めなければ、登山を趣味としない方々からの風当たりは強くなるばかりだろう。実際、長野県では県警航空隊や消防防災ヘリの出動費用の自己負担論が取り沙汰されたこともある。

結局のところ、登山者側が自分達の行動を見直さなければ、そのしっぺ返しは自分達に来るのだということを認識する必要があるだろう。

episode 11

山岳遭難事故について(中編)

隔月刊『スケールアヴィエーション』
2014年7月号
「ツバサノキオク第十五回」初出

最近、山に関する新聞記事で印象に残ったニュースがふたつある。そのひとつは、今年「山の日」が制定され2016年から施行されるというものだ。その趣旨は「山に親しむ機会を得て、山の恩恵に感謝する」ことだという。筆者も子供が生まれるまでは頻繁に縦走を行なっていた山ヤの端くれだから、山に親しむことに異論はない。しかし、山の遭難が頻発している現状を考えると、むしろ山との付き合い方を啓蒙する日にした方が良いのではないかと思う。

そしてもうひとつは、とあるTVバラエティー番組で、女性タレントが目指していたチョモランマ登頂企画が中止になったことである。以前からこの企画については、登山に対する間違った認識を与えかねないと感じていたこともあり、これは良いニュースだった。

2014年の警察庁統計に拠れば、2010年~2012年の3年間の山岳遭難事故の発生件数は2010年1942件、2011年1830件、2012年1988件となってい

厳冬の剱岳で遭難者を救出中の空自小松救難隊 V-107A。高山岳救出はヘリの性能限界に近い状態で実施される。様々な天象気象に影響を受けながらの救出活動は、救う側にも大きなリスクを強いることになる。(写真提供：航空救難団)

る。遭難者数はそれぞれ2396名、2204名、2465名で、死者行方不明者は294名、275名、284名である。残念ながら非常に多いのが現状だ。

山岳遭難事故が発生すれば、当然のことながら公的機関を中心とした捜索救難体制が敷かれる。初動は主として警察の山岳警備隊や各都道府県に組織されている民間の遭難対策協議会[注1]等が救難活動にあたるが、それらの救難機関が対処不可能な状況であると判断し、特にヘリによる救出活動が不可欠な場合、災害派遣という形で航空自衛隊救難隊に対して出動要請が為される。近年こそ警察航空隊に高性能なヘリが配備され、救難能力が向上したことによって山岳遭難への災害派遣要請の件数は減少傾向にあるが、それ以前は日本アルプスなど標高2000m~3000mクラスの高山岳での遭難事故に対しては、空自救難隊が出動するケースが非常に多かった。

空自救難隊は、本来は事故や戦闘で脱出した自衛隊機搭乗員の捜索救出が任務。時間や場所や天候を選ばず発生し得る緊急事態に対処できるよう、世界でもトップクラスの機材と高度に訓練された隊員を擁している。しかし、どのように精強な部隊であろうと山岳救出任務には高いリスクが付きまとう。それは、ヘリという航空機の特性に拠るところが大きいのだ。

ヘリは高速回転するローターブレードの翼断面形とピッチ角によって生成されるブレード上面の負圧によって揚力が産み出され、浮上する。ヘリが回転翼機と呼ばれる所以だが、つまり揚力の大きさはブレードの上下面の空気密度の差に影響を受けることになる。空気密度

注1：遭難対策協議会
山岳遭難の防止のための啓発活動や遭難者の捜索・救助活動の実施を目的に、消防団や山小屋、山岳関係者等を中心に組織された民間の救助団体で、町や警察・消防等の公的救助機関とも連携を取る。地域によっては山岳遭難防止対策協議会ともいう

の小さな高高度でホバリング性能が落ちるのは、この空気密度の差が小さくなるためだ。よく報道などで「ヘリは気圧の低い高高度では揚力が下がる」と解説されるが、これは正確ではない。気圧の問題ではなく空気密度の問題なのだ。例えば高気圧に覆われていようと、夏場の方が冬場より上昇性能が低下するが、これは気圧とは別に夏場の高気温によって空気が膨張し空気密度が小さくなることによってエンジンの性能が低下するためでもある。空気密度が低下する夏場にエンジンの応答性が低下する現象は、バイクに乗る者には体感的に理解できるだろう。

夏場の高山岳救出ミッションはローターブレードが発生させる揚力の低下とエンジン性能の低下という、ヘリにとって二重苦の環境の中で実施される事になる。

筆者は過去に何度か航空自衛隊救難隊のUH‐60Jに同乗取材して、高山岳救出訓練【注2】に同行したことがある。いずれも機長は3佐クラスのベテラン操縦士だった。それでも高度を上げるには頻繁にパワーチェックを行ない、FE【注3】が外気温や湿度、機体重量等の条件から弾き出した理論値と実際値にズレが無いかを確認しながら徐々に高度を上げていった。ホバリングに移行するのも同様に、エンジンに安全にホバリングできる余剰パワーがあることを確認してからだった。一気に上昇して遭難現場上空でピタリとホバリングするわけではないのだ。このように慎重を期しながらも、操縦士は「夏場に2000mを超える高度でのホバリングは非常に難しい」と言う。

注2：高山岳救出訓練
2000mを超えるような高山岳地での遭難者救出を目的に実施される訓練。ここでは空自救難隊による航空機を使用した訓練を指す

注3：FE
Flight Engineer＝機上整備員（航空機関士）の略。パイロットと共にコクピットに乗り組み、計器監視、エンジンのパワーチェック、燃料計算、飛行可能時間の計算等を行ないパイロットの補佐を行なう。なお、救難隊のFEは救難員の進出や遭難者の収容のためのホイスト操作も実施する

UH‐60Jのカタログスペックは実用上昇限度が1万3500ft（約4000m）とされているが、これはホバリング可能高度を指すわけではない。機体が前進することによりローターの対気速度が高く維持される中で発生する揚力があってこそ到達できる高度なのだ。パワーの大きなエンジンを搭載した軍用ヘリのUH‐60Jは機体重量も重く、決して高山岳救出任務に最適な機体とは言えないが、他機関が対処不能な状況下では空自救難隊が救出活動を実施せざるを得ないのだ。

更に山岳地での救出活動には気象が大きく影響する。遭難事故の発生は天候を選ばない。強風や降雨・降雪等の悪天候下での救出活動には大きな危険が伴う。空自救難隊が出動するのは他機関が救出を断念した後ということになるため、災害派遣に基づく出動要請がくる時点で、天候が悪化した後や日没が近づいた時間帯など、より条件が厳しい状態となっている場合も多い。

また、山岳地帯の複雑な地形が生み出す乱気流はヘリの飛行にとっては大きな障害となるが、高山岳地では晴天の場合でも特有の気象現象が生起する。太陽熱により発生した上昇気流は風上側から山の斜面を上昇した後、稜線を越えて風下域では波打ったような山岳波と呼ばれる乱気流を発生させる。特に条件によっては、ローターと呼ばれる危険な気流の渦をも発生させる。1966年には、富士山上空でこの山岳波に巻き込まれた英国海外航空（BOAC）のボーイング707が空中分解して墜落、乗客乗員全員が死亡する事故が発生している。

このように高山岳地でのヘリによる救出活動には多くのリスク要因が絡み合う。一旦遭難事故が発生すると、空自救難隊をはじめとする各救難機関は何としてでも遭難者を救出しようと努力を重ねるが、それはその隊員たちが危険に晒されることでもある。登山を行なう者は、自分が遭難した場合には救出する側にも大きなリスクを負わせることになるのだということを、肝に銘じる必要があるだろう。

episode 12

御岳山の噴火事故

隔月刊『スケールアヴィエーション』
２０１４年11月号
「ツバサノキオク第十七回」初出

御嶽山の噴火は、山好きの筆者も突然のことに驚いた。この原稿の執筆時点でまだ多くの方々が、火山灰が降り積もり火山性ガスの立ちこめる山頂付近に残された状態だという。遭難した方々が一刻も早く家族の元に帰れるよう、現在陸上自衛隊や警察を中心に捜索救難活動が続いている。再噴火の危険や降灰、火山性ガスという悪条件の中、３０００ｍを超える高山岳地での献身的な捜索救出活動は多くの人の心を動かしている。特に火山灰に覆われた山頂でホバリングや着陸してサバイバーを収容するヘリコプターの映像はインパクトが強かった。

その姿から「神操縦」「神業」との賞賛の言葉がネット上にも溢れたが、実は当初から筆者はそれに違和感を覚えていた。「神業」とは、辞書に拠れば「神の仕業。また、そのような超人間的な技術や行為」とある。その言葉に込められたのは、単純にその高度な飛行技術に対する純粋な賞賛だろうということは理解しているのだが、「神」という記号で単純化することで「人間」としての努力や想いが薄れてしまうのではないかと危惧している。

今回は、御嶽山での自衛隊ヘリによる救出活動の報道に接して思うことを書いてみたい。

ヘリの飛行性能を示す指標のひとつに、最大運用高度の他にホバリング限界高度がある。これはホバリング状態を維持することのできる最大高度のことだ。今回の救出作戦に投入されたUH－60J／JAやCH－47J／JAなどのタービンヘリは、前進速度のある状態では対気速度によって揚力を稼ぐことができるため3000m程度は問題なく飛行可能だが、対気速度のないホバリング状態ではほぼ限界に近い。今回の救出活動が行われている御嶽山は標高3067mであり、ヘリのホバリングや着陸による救出活動には非常に過酷な環境と言える。

しかし、カタログスペック上はホバリングが困難な高度でも、向かい風が生み出す対気速度や上昇気流によって揚力が生まれることがあり、より高い高度で安全にホバリングすることが可能になる場合がある。実際、航空自衛隊救難隊は創設当初から現在まで、3000m級の高山岳地での遭難者救出を連綿と実施して来ているのだ。近年は使用機材が高性能化したことで、警察航空隊による高山岳救出も当たり前になっている。

今回陸上自衛隊のUH－60JAが投入されたのは、そもそも陸自第12旅団に災害派遣要請があったことと、同旅団隷下の第12ヘリコプター隊が、空自救難隊が運用するUH－60Jとほぼ同型で、3000mでのホバリング救出が可能な性能を有し、かつキャビン収容人数が

御嶽山での救出活動に当初から投入された陸上自衛隊の汎用ヘリUH-60JA。強力なエンジンを搭載するものの機体重量の大きい軍用ヘリは、本来高山岳救出には最適とは言えない。しかし、ほぼ同型機である航空自衛隊のUH-60Jには数々の高山岳救出の運用実績があり、機体選択としては適切だったと言えるだろう(写真提供:杉山 潔)

比較的大きなUH‐60JAを保有していたからだろう。陸自の保有するCH‐47J／JAでもホバリング限界高度だけでみれば対処可能に思えるが、陸自のCH‐47J／JAにはレスキューホイストは装備されておらず、接地するほかサバイバー収容の方法がない。救出活動初期にCH‐47J／JAが投入されなかったのは、CH‐47系列はダウンウォッシュが強烈なため、火山灰が降り積もった場所での着陸では火山灰を機体周囲に巻き上げて視界を遮り、正常な機体姿勢を保つことが困難になるブラウンアウトの状態に陥る恐れがあったからだろう。救出活動の途中からはCH‐47J／JAが投入されたが、UH‐60JAの救出活動を通じてCH‐47J／JA投入の可能性や着陸適地を探っていたのかもしれない。

いずれにせよ、通常こういう高山岳地での運用を想定しているとは考えにくい陸上自衛隊のヘリが救出活動を実施しているということは、とりもなおさず陸自ヘリパイロットの技量の高さの証左であることは間違いない。

しかし、今回の任務が特異だったのは高度ではなく、むしろ噴火中の火山の噴煙と火山性ガスの中で、火山灰の降り積もった場所でサバイバーを救出しなければならなかった点だろう。

映像や写真を見ると、御嶽山中に着陸中のUH‐60JAはローターを停止させている。おそらくダウンウォッシュによる火山灰の飛散を抑えるために、エンジンは停止させずローター嵌合を切ってローターを停止させたのだろう。地面が火山灰に覆われて下の地形が判然としない今回のような場所での着陸では、本来なら機体重量を地面に預けてしまわず、ホバリング状態を維持してショックストラットが伸びた状態での接地が望ましい。火山灰に隠れた本来の地面に大きな凹凸や岩があった場合には、機体が傾きローターブレードが地面を叩く恐れがあり、最悪横転の可能性もあるからだ。しかし、ホバリング接地ではダウンウォッシュによる火山灰の巻き上げにより機体姿勢の維持や人員の搭載・卸下が困難になる。そのため完全接地させてローターを停止させたのだろうと思われるが、その点では通常の着陸よりリスクが高かったはずだ。

また、ホバリング救出する場合は通常のホイスト救出より高度を高めに取っているようだった。これも火山灰対策だろう。

こういう判断ができるのは、彼らに勝算があるからなのだ。決して無謀な賭けをしているのではない。そして、それを可能にするのが、日々の弛まぬ訓練と実任務の経験で培われた高度な操縦技術と冷静な状況分析力と的確な意思決定能力だ。それは一朝一夕で身に付くものではない。日頃から過酷な訓練を自らに課しているからこそ、なのだ。

また、ガラス成分を含んだ火山灰や腐食性の火山性ガスがエンジンや機体にダメージを与えかねない状況下で飛行する中、パイロットが航空機の最大性能を引き出すことができるよう機体を最高の状態に維持した整備員の能力もまた忘れてはならないだろう。

どんなに神業に見える救出活動も、それは明確な勝算の元に行なわれている。人間の想いや精神力では、航空機の性能を超えた飛行をすることはできない。また、普段訓練していない事を本番でいきなり実施することも困難だ。

彼らはプロフェッショナルだ。様々な状況を判断して救出不可能と判断した場合は、たとえサバイバーが目の前にいても救出作業を中止する。しかし彼らも人間だ。サバイバーを救出できなかったことで「もっとやれたんじゃないか」「自分達の能力がもっと高ければ出来たんじゃないか」と自らを責め傷つき、罪の意識に苦しむ隊員もいる。筆者はこれまでにもそういう救難隊員を見てきた。彼らは一様に「だからこそ、我々は訓練するしかないのです」と言う。

今回は上手くいった。でも、次回は分からない。救出できなかったその時に、「御嶽山ではできたじゃないか」とは思わないで欲しい。

どんなに神業に見える救出活動も、それは人間が行なっている。機体性能を最大限に引き出すパイロットの高い操縦技術やクルーの能力に裏打ちされた人間業なのだ。そこに神の力は介在しない。人間が自らの能力や精神力を極限まで高めて任務を実施しているのだ。

episode 13

山岳遭難事故について(後編)

隔月刊『スケールアヴィエーション』
2015年3月号
「ツバサノキオク第十九回」初出

昨年末から今年の1月にかけて、北陸や東北・北海道は豪雪に見舞われた。それに伴い山岳遭難が相次いでいる。特に年末年始は山岳部での天候悪化が予想されていたにもかかわらず、遭難が相次いだ。主な遭難事故は以下の通り。

・12月31日、北アルプス槍ヶ岳で60代の夫婦が遭難し、岐阜県警に救助要請。後に自力下山。
・12月31日、北アルプス奥穂高岳で高知県の山岳会に所属する20代〜60代の男女4人が遭難。1月5日に岐阜県警のヘリで救出。
・12月31日、南アルプスの北岳で40代の男女2人が遭難。男性は1月2日に山梨県警ヘリで救出、女性は5日に県防災ヘリが心肺停止状態で発見。
・1月2日、新潟県湯沢町のかぐらスキー場からコース外滑走に出た40代の男女3人が遭難。4日に新潟県警ヘリが発見・救出。

救難展示中の長野県警航空隊AS365N3「やまびこ1号」。ホイストを使用して救助員が機外進出中(写真提供：大塚正論)

・1月17日、長野県白馬村の北アルプスに入山した山スキーヤーの男性3名が消息不明。県警が捜索するも、悪天候のため25日捜索打ち切りが決定。
・1月17日、新潟県の粟立山でスノーボード中の男性2人が雪崩に巻き込まれ、18日に救出されたが1人が死亡。

このほかにも多数の山岳遭難事故が発生し、尊い命が失われている。毎年のように繰り返される冬期の山岳遭難。今年はその中でも特に湯沢町でスノーボード中に遭難した3人の事故の報道が注目を浴びた。この3人はスノーボードによるバックカントリー【注1】中の事故だったこと、軽装の上に登山届を出したと偽って入山したこと等からネットを中心に非難の声が巻き起こった。救出中の県警ヘリの救助員による「こっちも命がけなんだぞ！」という叱責の様子や、涙を流しながらの記者会見がそれに拍車をかける形となった。

筆者も大学時代に体育会のワンダーフォーゲル部に所属し、その後も登山を続けてきた山ヤの端くれ（子供が生まれてからはほとんど山に入っていないが）として、このような山を舐めたような認識によって相次いで引き起こされる遭難事故に対しては常に苦々しく思ってきた。また、筆者には航空自衛隊の救難隊に友人が多数おり、彼らが実際の救出活動においてどれほどのリスクを強いられているかを多少なりとも知る者としてもその想いは強い。

実は近年の冬期山岳遭難の中で、そのスノーボードや山スキーによってゲレンデ外を滑走

注1：バックカントリー
人工的に整備されたスキー場ではなく自然の山中を滑ること

するバックカントリー中の事故が多発している。長野県警が昨年12月11日に発表した資料に拠れば、バックカントリーで発生した事故は発生件数と遭難者数が平成20年に15件17人、平成21年は9件10人、平成22年は4件4人、平成23年は11件14人、平成24年は10件14人、平成25年は11件11人で、6年間で60件70人となっている。これらはあくまで長野県警の管轄地域内での件数だから、全国的にはさらに多くの事故が発生しているだろう。

ゲレンデを滑走している人達はあまり意識していないかもしれないが、この季節の積雪のある山、特に標高が2000m前後あるような雪山はまさに冬期高山岳だ。山ヤはこの時期、天候が悪化しても充分に対処できるだけの防寒装備と食糧、調理道具、氷点下でも暖かく眠れるシュラフやビバーク【注2】用のツェルト【注3】やテントなどの野営用装備など、30kg近いザックを背負って入山する。つまり、それだけの装備が必要な世界なのだ。

ゲレンデ内で滑走する分にはコースも整備され、職員によるパトロールも行なわれており、天候が悪化しても逃げ込める温かい施設がある。しかし、一歩バックカントリーに足を踏み入れるとそこは厳冬期の高山岳だ。そのことを、バックカントリーを楽しむスキーヤーやスノーボーダーはどれほど認識しているだろうか。近年多発しているバックカントリーでの遭難事故は、起こるべくして起きていると言える。このような状態に対して非難の声が上がるのは至極当然だろう。

しかし、筆者が一連の報道で気になったのは、この3人の救出に掛かった費用について書

注2：ビバーク
登山などでの緊急野宿

注3：ツェルト
登山用の底が開く三角形小型テント

遭難者を救出中の長野県警山岳遭難救助隊（写真提供：長野県警）

かれた某日刊紙の記事だ。今でも「遊びで山に入って遭難したのだから、捜索救助費用は全額遭難者に負担させるべきだ」との声が強い。その割には山岳遭難の捜索救助費用の実態についてはあまり知られておらず、某紙の記事も不正確なものだった。特に民間ヘリにかかる費用が1時間当たり100万円というのは実際と乖離している。では、山岳遭難にかかる捜索救助費用の実態はどのようなものだろうか。

山岳遭難事故が発生すると、まずはその山を所管する県警の山岳救助隊が一義的に対処することになる。ただ、県警の人手が限られていることもあり、多くの場合は県毎に設置されている山岳遭難対策協議会（遭対協）が中心となった民間救助団体も即応的に救助活動を実施する。

このうち税金が投入されるのは、警察や消防、自衛隊などの公共機関による救助活動に対してであり、これらの機関のヘリコプター等が飛んだ場合も同様だ。

一方、遭対協等が組織した民間救助隊の費用は基本的に全額が遭難者若しくは遺族に対して請求されることになる。現在でも既に捜索救出費用についてはその多くが自己負担なのだ。

これらの費用は出動した民間救助隊員の日当や保険料（ケースバイケースだが一人当たりトータル3〜10万円程度と言われている）で、民間のヘリが飛んだ場合はさらに1時間当たり50〜60万円が必要となる。勿論、そのヘリの駐機する空港から現場までのフェリー時間も算入される。ではなぜ、公共機関のヘリがあるにも関わらず費用の高い民間のヘリが出動するのだろうか。遭難事故が発生しヘリの出動が必要な場合は、まずは公共機関のヘリの出動が検討される。しかし、高山岳遭難の場合、その特殊な救出活動に対応できるヘリは限られてくる。さらに、高山岳を抱える県警の航空隊でも、その保有機数は1~3機程度であり、高山岳救出能力が高いとされる富山県警航空隊でも保有機数は僅かに1機だ。これらの機体は山岳救出だけを任務としているわけではなく、他の事件や事故災害に出動している場合や、定期整備中で飛行不能な場合もある。そのような場合に民間で山岳救出能力のある航空会社(有名どころでは東邦航空)のヘリが出動することになるのである。

民間ヘリが出動する場合、遭難地点が判明していて天候も安定していればヘリの出動も数時間で済むが、例えば行方不明者の捜索で一日3時間、計5日間民間のヘリが飛行したらどうなるか。単純計算で750万~900万円の費用が必要となるのである。

これに民間救助隊の費用を加えると軽く1000万円を超えてしまう。冬期に山岳遭難で行方不明になると捜索救助費用で身代を潰すと言われるのはこのためだ。

厳冬期の雪山に入る者はこのことをよく肝に銘じる必要がある。最近では救援者費用等500万円程度、捜索費用200万円程度を上限として補償してくれる山岳保険もあるので、これらを利用するべきだろう。

このような遭難事故の度に公共機関による捜索救助活動について「税金の無駄遣い」だという批判が起こるが、果たしてそれは当を得た主張だろうか。遭難に至る原因に対する検証

遭難者を救出中の長野県警山岳救助隊員。厳冬期の高山岳での遭難は、遭難者の生命の危険に直結するだけでなく、救出する側にも多大なリスクを負わせることになる（写真提供：長野県警）

と評価は、捜索救助活動とは切り離されて議論されるべきだ。それがどんな人物であろうと、国民の生命・財産を守るのは、近代国家（政府・自治体）の基本的な責任であり義務だからだ。したがって、行政機関による捜索救助活動を有料化することには絶対に反対である。それは国家や行政が国民の生命に値段を付ける事と同義だと思うからだ。我々が税金を納めるのは、いざという時に政府に生存権を保証させるためでもあるのだから。

episode 14

秋田救難隊の洋上救出事例(前編)

隔月刊『スケールアヴィエーション』
2015年9月号
「ツバサノキオク第二十二回」初出

航空自衛隊航空救難団に所属する秋田救難隊は団隷下に10個ある救難隊の内、1987年(昭和62年)に新設された最も新しい部隊だ。同隊の公式HPに拠れば、その新設までの沿革は以下の通り。

・1984年10月11日　防衛庁及び秋田県、雄和町との間で「航空自衛隊航空救難団秋田救難隊設置運用に関する協定」を締結。
・1985年8月1日　秋田準備室開設
・1986年1月23日　秋田現地班開設(陸上自衛隊秋田駐屯地内)
・1987年1月29日　秋田分屯基地が設置され、秋田派遣隊新設
・1987年3月11日　救難救助機V-107A【注1】、救難捜索機MU-2A【注2】各2機を配備
・1987年3月25日　秋田救難隊及び三沢気象隊秋田気象班を新設

注1:V-107A
バートル社(後にボーイング・バートルを経てボーイング)が開発したタンデムローターの中型ヘリ。航空自衛隊は救難ヘリとして、陸上自衛隊は輸送ヘリとして、海上自衛隊は機雷掃海ヘリとして採用、陸海空自衛隊が揃って同一機種のヘリを導入した初の事例となった。川崎重工業が生産だけでなく販売のライセンスも取得

秋田分屯基地建設風景（写真提供：航空救難団）

ちなみに分屯基地とは、最寄りの基地の一部となる施設をいう。航空救難団隷下の部隊が所在する分屯基地は、秋田の他にも新潟がある。分屯基地に所在する救難隊の隊長は通常1等空佐が務め分屯基地司令を兼任するが、その下には他の救難隊では隊長の階級である2等空佐が副隊長を務める。基地に所在する救難隊と違うのは、分屯基地司令を兼ねる救難隊長の指揮下に、消防や警備、補給、会計など基地業務に関する任務を担う業務小隊が置かれていることだ。基地ではこれらは航空団等の基地業務を担当する部隊等の隷下に置かれており、救難隊とは別の指揮系統となる。分屯基地に所在する救難団隷下部隊は言わばミニ航空団なのだ。

し、警視庁や民間エアライン向けに販売、一次は海外への輸出も行っていた。国内生産メーカーのＫａｗａｓａｋｉと開発メーカーのＶｅｒｔｏｌの頭文字から国内ではＫＶ・１０７と表記されることも多いが、航空自衛隊での型式はＶ・１０７（航空自衛隊向けタイプの川崎重工社内呼称はＫＶ・１０７Ⅱ・５）である。なお、８１８号機からはエンジンが強化されており、Ｖ・１０７Ａ（社内呼称ＫＶ・１０７ⅡＡ・５）として識別されている

注2：MU-2A
ＭＵ・２は三菱重工業が開発した双発のターボプロップ・ビジネス機。航空自衛隊では救難捜索機ＭＵ・２と飛行点検機ＭＵ・２Ｊとして、陸上自衛隊ではＬＲ・１の呼称で連絡偵察機として導入した。機首にドップラーレーダー、胴体側面に捜索用バブルウインドウとスライドドアを装備した、航空自衛隊の救難捜索機用に改修したタイプをＭＵ・２Ｓと表記する向きもあるが、航空自衛隊での呼称はＭＵ・２であり、エンジンを強化したタイプをＭＵ・２Ａとして識別している

（写真上）格納庫への文字入れ
（写真左）秋田救難隊表札掲示（写真提供：航空救難団／２点とも）

秋田救難隊が新設されるまでは、海上保安庁秋田海上保安部が東北地方の日本海側に航空基地を保有していなかったために、航空機による洋上救出態勢が手薄になっていた。勿論、船舶の遭難等が発生すれば近在の航空基地から航空機が救出に向かうことになるが、地理的に距離が離れているということは、即応態勢に影響が出る。

秋田分屯基地設置の際には、地元の一部から秋田空港の軍用空港化を心配する声が上がり、空港使用を救難業務等に限定することを盛り込んだ協定書が締結されたが、秋田救難隊の存在は東北地方の日本海で操業する漁業者や貨物船、タンカー等の船舶の乗組員にとって福音だったことは間違いないだろう。

事実、秋田救難隊は新設直後から洋上での災害派遣にその能力を発揮し、新設された1987年だけでも6件の災害派遣に出動、洋上救出任務はその内の4件を占めている。同年11月には青森県鰺ヶ沢港で消波ブロックに座礁した漁船から、暴風雨と大時化の中、乗組員6名全員を救出するなど、新設から現在に至るまでその能力を発揮し続けている。最近でも2014年1月31日に外国籍タンカーからの緊急患者空輸を、2014年12月23日には座礁貨物船からの乗員救出を実施するなど、海上交通の安全確保に重要な役割を担っている。今回は、秋田救難隊が最近実施した洋上救出事例について紹介したい。

2014年1月31日1401時頃、第二管区海上保安本部から秋田救難隊を通じて、緊急患者空輸の情報が航空救難団にもたらされた。秋田県船川港沖の検疫錨地にて錨泊中のタンカー「サウザン・ドラゴン」(7411t)に急病人が発生、速やかに医療機関へ搬送する必要があるとの内容だった。患者は34歳のフィリピン人男性で、呼吸は有るものの意識が無いとのことだった(この情報は後に「呼吸なし、意識なし、脈拍・受傷不明」に修正される)。

海上での遭難や急患に対しては一義的に海上保安庁が対応する。しかしこの時は、函館航空基地及び新潟航空基地は悪天候のためヘリが発進できず、巡視船も波高が高過ぎて対処不能だった。そのため仙台航空基地からヘリが救出に向かったが、悪天候に阻まれて日本海側へ進出できずＲＴＢせざるを得なかった。

第二管区海上保安本部は航空救難団に対して当該患者の緊急空輸の可否を打診、航空救難団司令部は秋田救難隊のＵＨ‐60Ｊ×１機で対応可能と回答した。１５１３時航空救難団司令は第二管区海上保安本部長による災害派遣要請を受け、秋田救難隊に対して災害派遣出動を命じた。

秋田分屯基地には横殴りの雪が降っていたが、ヘリの発進には支障は無かった。現場は約20分で進出できる至近距離。ヘリの燃料は満載状態だったが、ＦＥ【注3】の高橋慎一２曹はホバリング高度も低いことから燃料を抜いて機体重量を軽減する必要は無いと判断した。救急救命士資格を持つ救難員の永作学1曹は「意識なし、呼吸あり」との情報から脳血管障害を疑い、そのための対処手順を頭の中で組み立てた。

クルーが発進準備をほぼ終えようかという頃、秋田救難隊にエマーベル【注4】が鳴り響き、１５２３時ＵＨ‐60Ｊ（５６３号機）が秋田分屯基地を発進。シーリング【注5】は僅か５００ft（約１５０ｍ）。同機は障害物の殆ど無い雄物川上空を飛行して河口から海上に出て現場上空へと進出、１５３８時に現場に到着。天候はシーリング５００ft、北西35kt（18ｍ／ｓ）の風、シーステート６（波高４～６ｍ）【注6】、降雪有りというヘリのホバリング救出には厳しい状況だった。

現場に到着したＵＨ‐60Ｊは直ちに救出作業に入った。まずは該船の状況を確認する。「サ

注3：FE
機上整備員（Flight Engineer）のこと。航空自衛隊のＵＨ‐60Ｊの場合は、コクピットに同乗して計器類のチェックや、残燃料や飛行時間の計算等を実施してパイロットを補佐する。ホイストオペレーターを兼務しており、救出作業時には吊り上げ救出の重要な役目を担う

注4：エマーベル
緊急事態を示す非常ベル（エマージェンシー・ベル）のこと。救難隊庁舎内にも設置されている

注5：シーリング
雲底高度のこと。ＶＦＲ（有視界飛行方式）で飛行する航空機は視界の効かない雲中飛行をすることができないため、雲底より下を飛ばなければならない。シーリングが低いほど飛行高度は低くな

船川港沖の検疫錨地で錨泊中のタンカー「サウザン・ドラゴン」（写真提供：航空救難団）

ウザン・ドラゴン」は、船橋が船体後部にあるタイプで船橋の前方は貨物室になっており、貨物を吊り上げるクレーンはあるものの、折りたたまれた格納状態だった。錨泊中の船体は想定していたより安定しており、強風と降雪を除けば船体上空でのホバリングには支障はない。機首を風に正対させた状態で、機長がホバリング参照点を取ることができる風向きだったことも幸いだった。

　ただし、貨物室上部にはパイプラインが張り巡らされており、救出作業に使うスペースは充分に確保できそうになかった。船体後方から更に接近すると、船橋のウイングに船員が出てきて船首方向を指差した。貨物室上部のキャットウォークには、赤白の手旗を手にした船員が立っていた。

り、パイロットは緊張を強いられることになる

注6：シーステート
Sea State（風浪階級）のこと。海況（海の状態）を示す指数のひとつで、波の高さを0～9の10段階で示す。本文中の「シーステート6」とは、波高4～6mで「波がかなり高い」状況を指す

episode 15
秋田救難隊の洋上救出事例(後編)

隔月刊『スケールアヴィエーション』
２０１５年11月号
「ツバサノキオク第二十三回」初出

２０１４年1月31日、秋田県船川港沖の検疫錨地に停泊中のタンカー「サウザン・ドラゴン（７４１１ｔ）」で発生した急病人を救出に向かった秋田救難隊のＵＨ‐60Ｊ（５６３号機）が、該船上空に到着したのは１５３８時。１５４０時に船橋のある船体後部にアプローチを開始したところ、船橋ウイングの船員が貨物室のある船首方向を指差した。吊り上げポイントを探って貨物室上部へ移動したところ、船内から赤白の手旗を持った船員が、キャットウォークに姿を現した。貨物室上部には船体の中央部分を前後に多数の油送用らしいパイプラインが縦断しており、キャットウォークはその上に、やはり船体を縦断する形で設置されていた。

救急救命士の資格を持つ救難員永作学1曹は、ＵＨ‐60Ｊのキャビンから該船の状況を観察していた。事前情報どおり船は大きく、思った以上に安定しているようだった。貨物室上部には大きな突起物も無くアンテナも立っていない。大きくローリングしていることを想像

貨物室上部にあるキャットウォークに、サバイバーをストレッチャーに乗せて姿を現した船員たち。キャットウォーク周辺にはパイプラインや手すりが設置されていることが分かる（写真提供：航空救難団）

していた永作1曹は、比較的条件に恵まれているなと感じた。

事前情報でサバイバーの状態は「意識なし呼吸あり」とのことだった。であれば、脳血管障害が疑われる。脳の血管が詰まったか切れて出血しているか。だとすれば、機内収容にあたってサバイバーに激しい振動を与えることは禁物だ。脳を守るような体位管理も必要だ。しかし、往々にして実際には事前情報と違う事がある。ＣＰＡ（心肺停止状態）【注1】の可能性があることも想定するべきだ。それならば心肺蘇生処置が必要になる。

いずれにしても一刻も早く病院の手術室に送り込むしかない。救急

注1：CPA（心肺停止状態）
心拍と呼吸の両方が止まった状態の事。放置すれば死に至るが、蘇生の可能性が残っているため死亡状態ではない。蘇生しても手遅れの場合は脳死状態になる恐れがある

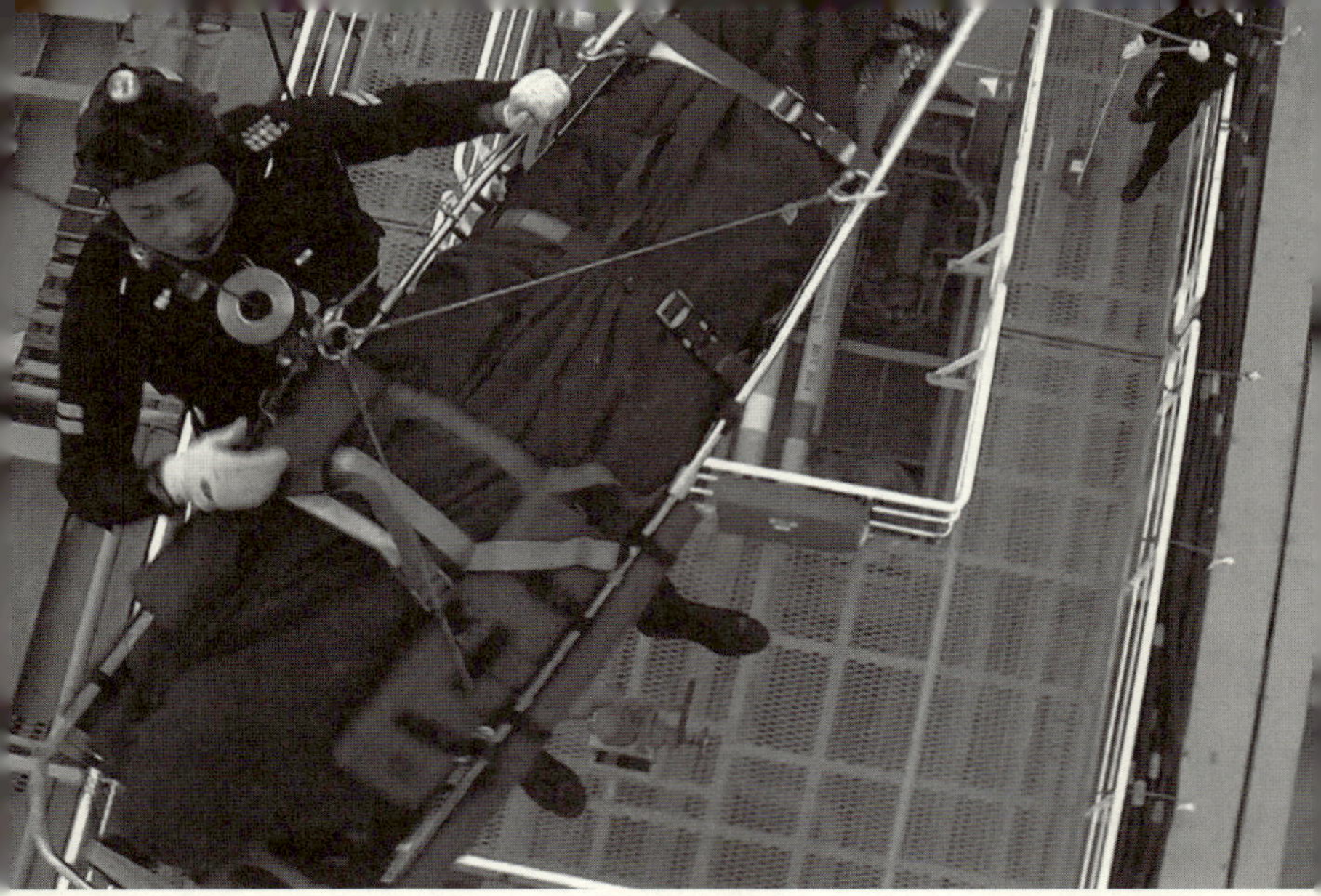

サバイバーを吊り上げ救出中の救難員。船上では、もう一人の救難員がガイドロープでストレッチャーが暴れるのを防止している（写真提供：航空救難団）

救命士は法律的に一定の医療行為を行なっていいことになっているが、それには医師の指示が必要だ。航空自衛隊ではMC（メディカルコントロール）【注2】の態勢を整備中であり、まだ実運用には至っていない。法的に現場で可能な医療行為は一般市民と変わらない。

「キャビンスペース【注3】は何処だろう？」と永作1曹は考えた。キャビンが遠ければ、救出ポイントまでどうやって運ぶかも問題になる。

FEの高橋慎一2曹はホイストオペレーターの目で進出場所を探していた。パイプラインが張り巡らされた貨物室上部で救難員が降下できそうな場所は、キャットウォーク中央付近の広くなった一カ所だけしかなかった。

注2：MC（メディカルコントロール）
救命救急士の資格を持つ救急隊員が実施する救急活動全般に対して、医師が医学的に俯瞰・監修し、救急活動の「質の管理」を行うシステムのこと

注3：キャビンスペース
船の船室部分のこと

1542時、高橋2曹の誘導でUH-60Jはホバリングに移行した。天候は北西の風35kt、視程4000m、降雪はあったがシーリングは約1000ft確保できていた。シーステートは6。風は強かったが、風上に向かってのホバリングで機長席からの参照点も確保できた。

永作1曹が機外進出に備えていると、船橋からキャットウォークに数名の船員が姿を現した。ストレッチャーに患者らしい人物を載せてヘリに向かって来る。永作1曹は身振りで下がるように伝えた。ヘリに近づき過ぎるとダウンウォッシュをまともに被ることになり、危険だからだ。

1546時まず永作1曹がキャットウォーク上に展開し、1分後に大川内伸吾2曹がストレッチャーと共に降下した。永作1曹はサバイバーと合流すると、船員の助けを借りて大川内2曹と共に持参したストレッチャーにサバイバーを移し、状態を観察した。傍らにヘリがホバリングしており騒音が激しかったため、ヘリには一旦離れるよう指示した。ストレッチャーの上に毛布を掛けて寝かせられたサバイバーは、目の角膜が乾いてしまっており、かなり時間が経過したCPAだと思われた。風が強く船も揺れていたため観察は難しかったが、脈は無く胸の動きも確認できない。しかし、血圧が落ちているため脈を感じにくくなっているだけかもしれない。心肺蘇生自体はCPAでない患者に実施しても問題はないが、次の機関への申し送りに間違いがあるとまずい。永作1曹は更に慎重に観察し、結局8割方はCPAだと判断した。

だとすれば一刻も早い機内収容と病院への搬送が必要となる。高橋2曹はホイストケーブルやフックがパイプラインや手すりなどに絡まないよう、パイロットにできるだけ低い高度でホバリングするようリクエストした。ホバリング高度が低ければ、ホイストケーブルのコントロールは楽になり、ガイドロープによってストレッチャーが暴れるリスクも低くできる。

収容作業自体は船員たちが積極的に手伝ってくれたためにスムーズだった。1557時にストレッチャーに載せられたサバイバーと救難員1名を機内に収容、1559時に残る救難員1名を収容した後、UH-60Jは1600時に現場を離脱し、秋田空港に向けて帰投した。

帰投中の機内では、永作1曹ら救難員3名がサバイバーの心肺蘇生処置を実施していた。永作1曹は呼吸管理を行い、大川内2曹と中原博3曹が胸骨圧迫を交替で担当した。残念ながら心肺蘇生の結果、サバイバーに変化は見られなかった。

UH-60Jの秋田空港着陸は1612時、民航ターミナルへのランプインは1614時だった。秋田救難隊に隣接する民航ターミナルに入ったのは外国人サバイバーの検疫の為だったが、当日は外国機の着陸予定はなく、検疫官は空港内には居なかった。1618時、サバイバーは待機していた消防署の救急車に移管され、病院へと搬送された。

救急車への移管が完了した1618時を以て撤収命令が下令され本災害派遣は終結したが、外国人サバイバーと接触したUH-60Jのクルーは、乗機が秋田救難隊のエプロンにランプインした後も降機が許されず、検疫官の到着まで機内で待機することとなった。

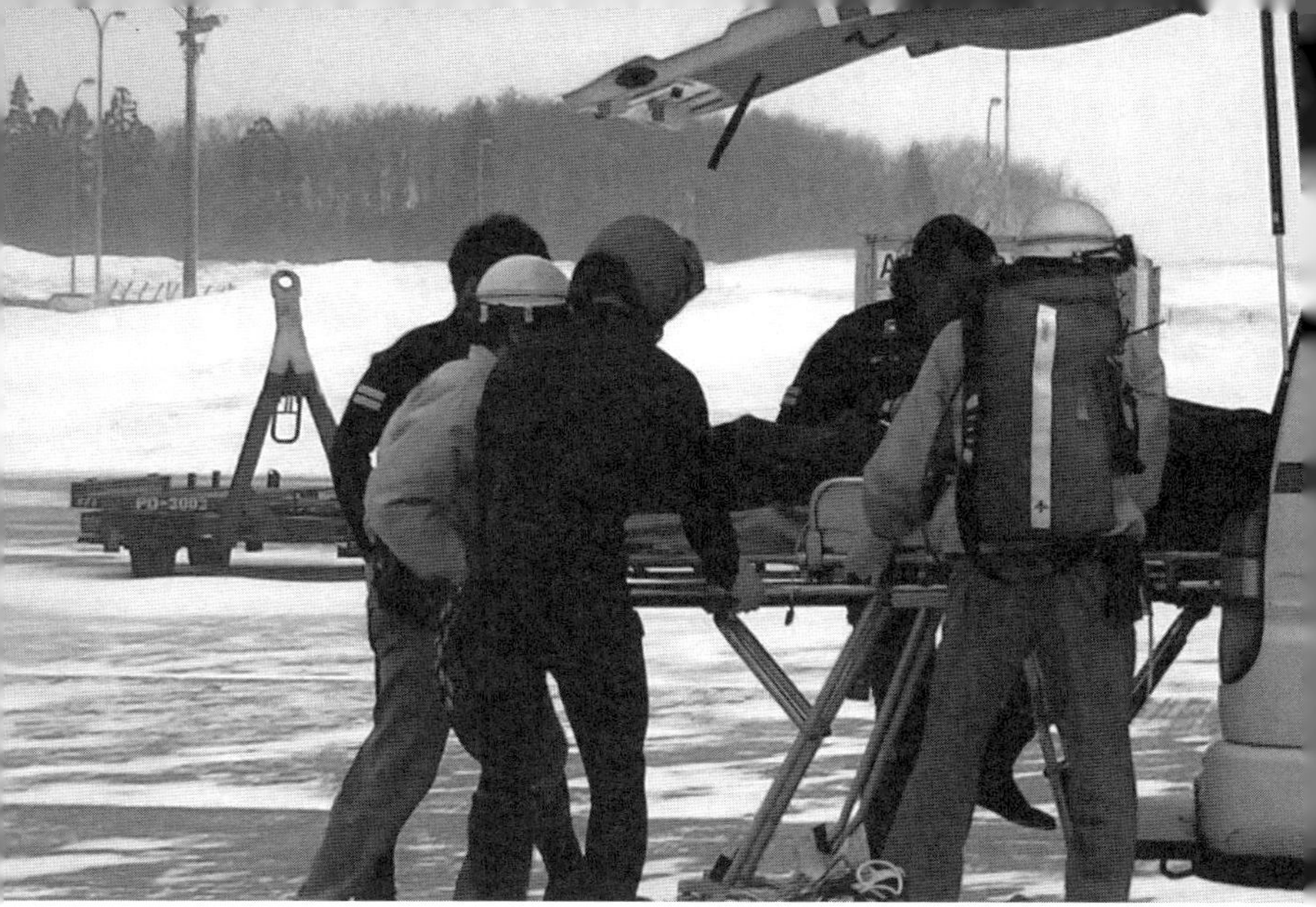

秋田空港でサバイバーを救急車に移管する救難員たち（写真提供：航空救難団）

1622時に秋田救難隊に到着した検疫官から検疫を受け、クルーが降機を許されたのは1635時だった。

事後、永作1曹は病院にサバイバーの安否を確認する電話を掛けた。残念ながらサバイバーは死亡が確認されていた。救急車の中でも病院についてからもCPAの状態だったという。自身の見立てに間違いは無かったが、その時の気持ちを永作1曹はこう話している。

「心肺蘇生自体はプロトコル【注4】で決まっています。でも、身体に触れると温かいんです。心臓が止まっていても、心肺蘇生を開始して体温に触れると、何かしら感じる事はあります。ドラマのように必死の形相になることはあり

注4：プロトコル
処置手順等について書かれた規定書のこと

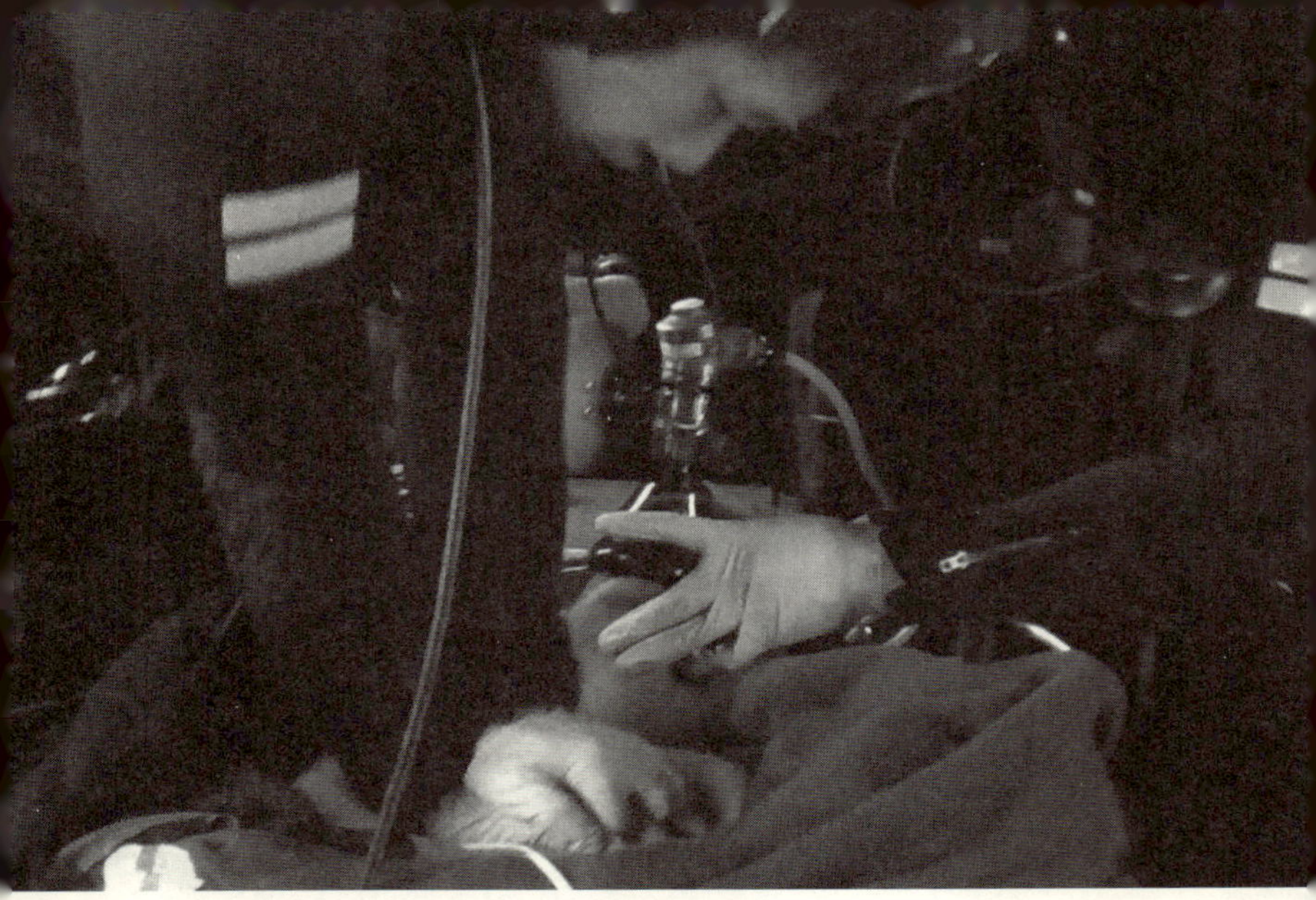

キャビン内で心肺蘇生処置中の救難員。大の大人でも大変な作業だという

ませんが、それでも体温に触れ生々しさを感じると、そういう感情が芽生えることはあるのです。しかし、そこで感情が高ぶるのではプロではないので、努めて冷静になろうとします。今回のようにサバイバーを救えなかった場合には、自分にミスは無かったか、もっとできる事は無かったのか、と考えますね」

そして、今後の課題として次のように語った。

「AEDについては、現場に持って降りるという選択肢もあると思います。現場で心肺蘇生のチャンスがあれば、救える可能性も出てくる。ただ、一旦現場で心肺蘇生が始まってしまうと、ヘリへの収容が遅れ、ひいては病院への搬送が遅れてしまう。判断の難しいところです」

第二章 航空救難と災害派遣

第三章
よみがえる空

episode 16

『よみがえる空』（前編）

隔月刊『スケールアヴィエーション』
２０１４年９月号
「ツバサノキオク第十六回」初出

読者諸兄は「よみがえる空 —RESCUE WINGS—」（通称『よみ空』）というＴＶアニメをご存じだろうか？　僭越ながら本項では、かつて筆者がプロデュースした本作品についてご紹介したい。

『よみ空』は航空自衛隊救難隊を舞台にした1クールのＴＶアニメーションとして製作されテレビ東京系でオンエアされた。監督は桜美かつし、脚本は高山文彦、制作はＪ・Ｃ・ＳＴＡＦＦ。物語は、「ファイターパイロットに憧れて航空学生に進んだ主人公・内田一宏が、教育の過程で希望しない救難機のコースに振り分けられ、失意のうちに小松救難隊に部隊配属されるところから始まる。望まない仕事に沈みがちの内田３尉だったが、配属直後に大規模地震が発生し、小松救難隊に災害派遣出動が下令される。覚悟が決まらないまま被災地に送り込まれた内田３尉は、救難現場の過酷な現実に直面する——」というもの。

この作品を製作しようと考えたきっかけは、やはり空自救難隊との出会いに遡る。私は当

『よみがえる空 -RESCUE WINGS-』は航空自衛隊の小松救難隊を舞台に、決して奇跡など起きない過酷な救難現場で人命救助に当たる救難隊員たちの、等身大の苦悩や想いを描いた作品。制作にあたっては制作スタッフによるロケハンが入念に実施され、山岳救出訓練や洋上救出訓練に同乗取材するなど、徹底的にリアリティを追求した。巧妙な脚本や精密はCGIによる航空機描写だけでなく、自らの仕事にいかに向き合うかというテーマが職業ドラマとしても高い評価を受けた

時東芝EMI株式会社というレコードメーカーで映像プロデューサーとして勤務しており、アニメ作品の他に1992年から『AIR BASE SERIES』という主に航空自衛隊の姿を追った航空ビデオシリーズを手掛けていた。当初は戦闘機部隊を中心に取材を進めていたのだが、「航空基地の機能と任務」をテーマとしていたこともあり、戦闘機部隊以外の取材も進める中で救難隊と出会った私は、それまでは漠然としたイメージしかなかった救難任務というものに、彼らの記録した写真や映像、資料を見せてもらう

うち興味を惹かれるようになったのだ。

1958年の創設以来、彼らは本来任務の事故航空機に対する航空救難だけでなく、災害派遣という形で大小様々な事態に対して民生協力を実施してきた。その対象は地震や台風、津波による大規模災害での被災者救出や緊急援助物資空輸、遠距離洋上で遭難した漁船員の捜索救助、山岳地帯での遭難者捜索救助、民間機の墜落事故での生存者救出、離島からの急患空輸、山林火災などに対する空中消火など、多岐に渡っている。しかし、その活動はそれまで広く一般に知られることがなかった。彼らが出動する災害派遣は、出動の3要件（公共性、緊急性、非代替性）を満たし、更に都道府県知事、管区海上保安庁長官、海上保安本部長、空港事務所長のいずれかによる災害派遣要請があって初めて実施される。その為、彼らの任務は警察航空隊や消防航空隊、自治体の消防防災航空隊等が対処不可能と判断した、クリティカルな状況下で実施されることが多くなる。

過酷な状況下で実施された任務の記録を見るにつけ、これをなんとか広く世に知らせることはできないだろうかと考え始めていた矢先、ある事故が発生した。1994年12月2日、奥尻島で発生した急患を本土の病院に搬送するために災害派遣出動した千歳救難隊の救難救助機UH‐60Jが消息不明となり、数日後に遊楽部岳の山頂付近に墜落している機体が発見されたのだ。この事故の結果は搭乗員5名全員が殉職し、後日搬送された急患も死亡するという痛ましいものだった。当日は悪天候で、道の防災ヘリも道警も陸上自衛隊も出動を断念する中、千歳救難隊が出動、結果的に不幸にも事故に至ったものだった。彼らは民間人の人命救助に飛んだのだ。クルーには子供が生まれたばかりの者も居た。

しかし、多くのメディアは自衛隊機の事故ということだけを引き合いに批判的に報道した。私にはこれが許せなかった。なんとか彼らの実像を伝えたいと考えた私は、『AIR BASE SERIES』で『AIR RESCUE WING／航空自衛隊航空救難団』という作品をリリースした。この作品は他作品に比べると販売本数は少なかったが、内容については高い評価を頂いた。ただ、この種のビデオ作品はそもそも軍事に興味のある人にしか手に取ってもらう機会はほぼない。私はこの題材を何とかエンタテインメントの世界に持ち込めないかと考え、転職して現在も勤務しているバンダイビジュアル株式会社にＯＶＡ（オリジナルビデオアニメ＝ビデオ販売を一次目的として製作するアニメ作品）として企画提案し、約3分のパイロット版を制作した。しかし、これについては会社側から「ＯＶＡ作品としては地味である」という理由で最終的に制作許可が下りなかった。諦めきれない私は、この作品をＴＶアニメとして再度企画上程するため、回り道ではあったが漫画連載からスタートさせることで、アニメ化の下地作りを行なった。そして、地道にＴＶアニメ製作の環境を整え、ついに制作する許可を獲得し、２００６年1月からＴＶアニメをオンエアするに至ったのだった。構想がスタートしてから実に10年近くの時間が過ぎていた。

ミリタリーものにつきもののドンパチシーンは一切なく、ただ淡々と航空救難や災害派遣において人命救助にあたる空自救難隊員の人間像を描いた本作は、本放送は深夜帯としては比較的良好な視聴率だったものの、しかし残念ながらビジネスとして満足いく成果を上げることはできなかった。ただそれでも、仕事に対する覚悟を欠いていた主人公が、もう少し今の場所で頑張ってみようと踏みとどまれるようになるまでの心の成長を描いたことで、社会人視聴者の心を捉えることができたようだった。また、長期に渡る徹底的な部隊取材を通して得られた高度なリアリティが高い評価を得、高山文彦の質の高い脚本と相まって、2006年4月の放送終了から8年を経た現在でも強く支持され続ける作品となった。本作を視た防大生が志望を救難隊に変更したこと、戦闘機から輸送ヘリCH‐47Jに機種転換することになり退職を検討していたパイロットが本作を視て思いとどまったこと、一般の方々から「航空救難団について初めて知ることができた」と感謝していただいたこと等、後日談としてプロデューサー冥利に尽きる出来事も多かった。

なお、2008年には本作品を原作とした実写映画「空へ —救いの翼 RESCUE WINGS—」が製作されるに至った。この作品は、航空救難団全面協力により、実際の基地内施設や航空機を使用して撮影されるなど、リアリティ溢れる作品となった。

ビジネスとしては必ずしも成功とは言えなかった「よみ空」だったが、この作品は私にとっては今でも非常に重要な位置づけにあり、紛れもなく代表作である。現在は全7巻のDVDが発売中だが、そのほかにもレンタルDVDやバンダイチャンネル（http://www.b-ch.

com/）での配信などでご覧いただくことが可能だ。機会があればぜひご覧いただければ、と思う。

なお、「よみ空」は所沢航空発祥記念館（http://tam-web.jsf.or.jp/contx/index.php）で２０１５年９月28日まで実施していた特別展「アニメフェスタｉｎ所沢」（http://tam-web.jsf.or.jp/anifes/）にも出展していた。ＰＶの上映だけでなく設定資料や絵コンテ、アフレコ台本など各種制作資料の展示を行なっていた。

（文中敬称略）

episode 17

『よみがえる空』(後編)

隔月刊『スケールアヴィエーション』
2015年1月号
「ツバサノキオク第十八回」初出

『よみ空』を巡る運命的な後日談をご紹介する。

『よみがえる空』のみならず、私が航空自衛隊の救難部隊を追いかけるきっかけとなったのが、1994年12月2日に発生した救難救助機UH-60Jの墜落事故だったことは、前号で紹介した通り。

本作はビジネスとしては残念ながら成功とは言えなかったが、10年あまりの紆余曲折を経て2006年1月〜3月に世に送り出すことができた作品は、内容的にも満足できるものだった。

放送が終了し、DVD全巻の発売も完了したある日、会社の総務部門から内線があった。『よみがえる空』について、お客様から「作品のプロデューサーに連絡が取りたい」というメールが入っているので対応して欲しいとのことだった。先方に私のメールアドレスを伝えるように返事をしたところ、早速それらしいメールが着信した。「何の問い合わせだろう?」と

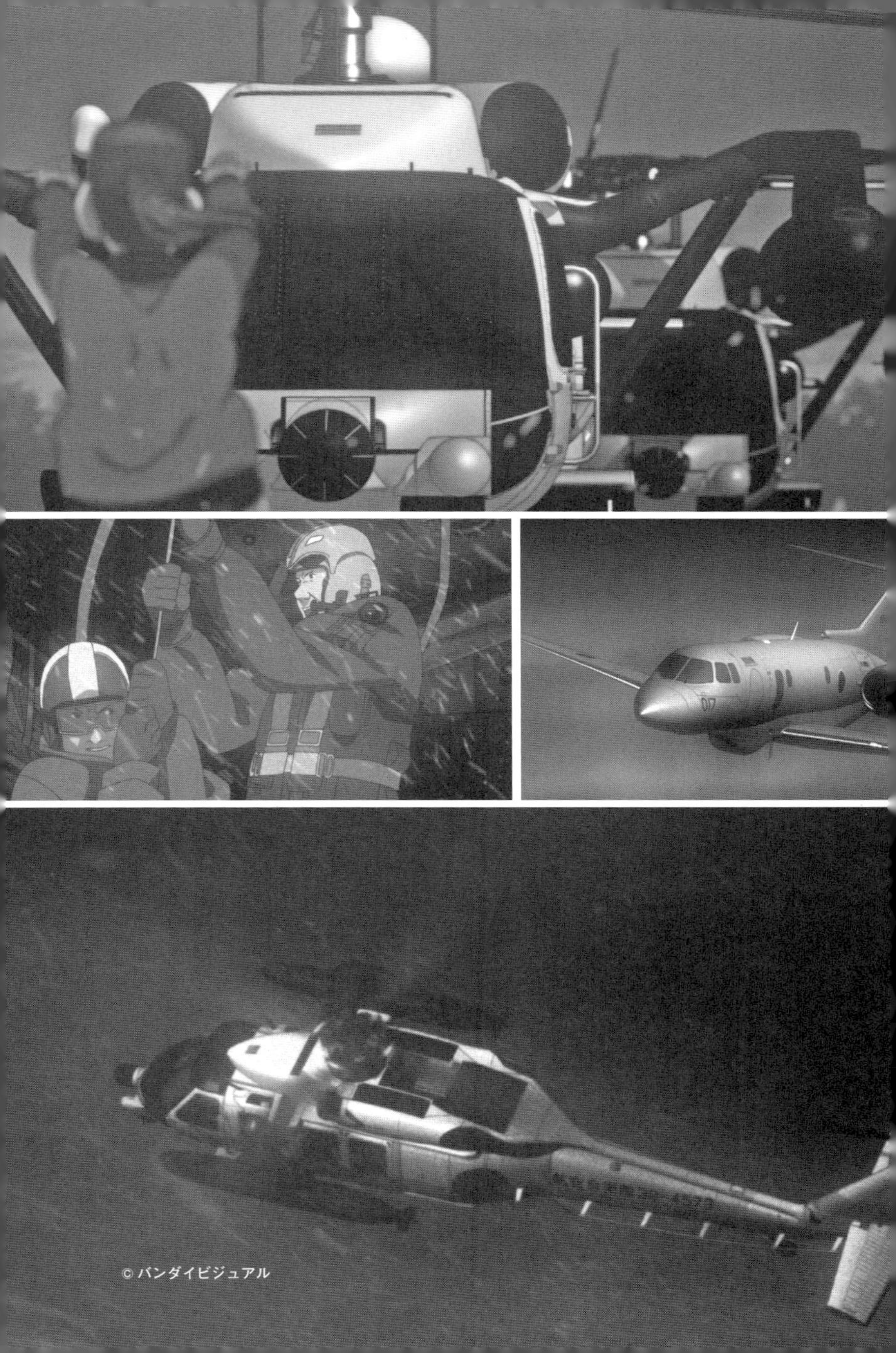

思いながら読み始めた私は驚いた。送り主は、遊楽部岳の事故で殉職したコパイロットA3尉の夫人だったのだ（ここではM代さんとする）。そしてその内容は、あの事故のことを何でも良いから教えて欲しいとのことだった。

M代さんの文面からは切実なものが伝わってきた。事故当時3歳だった息子さんが高校生となり、最近とみに父親のことを知りたがるようになったが、夫の殉職後は生活に追われ、小さかった子供たちを育てることで精いっぱいだったM代さんには、気が付いたら父親がなぜ殉職したのか、子供たちに明確に説明できるだけの情報がなかったのだという。自衛隊や任務に対する疑問すら生まれる中で、夫への想いを封印しなければ前に進めなかったのだ。

「なぜ父親は死なねばならなかったのか？」

息子に説明する答えを探して接続したネットで、「よみ空」とその公式サイトの存在を知り、「少しでも当時の情報を入手したいと、藁をも掴む思いでメールを出しました」とのことだった。

『よみがえる空』を作ろうと思ったきっかけとなった事故の遺族から、まさかこういう形でコンタクトがあるとは思ってもいなかった私は、驚くと共に非常に悩んだ。その事故のことは自分なりに調べてはいたしそれなりに情報も持ってはいたが、航空安全管理隊が作成したであろう事故調査報告書が手元にあるわけでもなく、そもそもそれが手元にあったとしても、私から事故に関する詳細を遺族に伝えることが正しいとは思えなかった。それが何らかの新たな火種にならないとも限らないと思ったのだ。

そこで、「私の手元には報道されたこと以上の情報はありません。もしお知らせできることがあればご連絡します」と返信し、『よみ空』のサンプルを一揃い送った。メールには「『よみがえる空』も買って視てみようと思います」と書かれていたのだが、失礼ながら母子家庭であれば裕福であるはずがないだろうと思ったからだ。

数日後にM代さんから再びメールが届いた。そのメールには「『よみがえる空』を視て、心の中にあったわだかまりが少し溶けたような気がします」と書かれていた。「自分は悪天候の中を飛ばした隊長や自衛隊を恨んでいました。でも、『よみがえる空』を視て、当時部隊の誰もが『怪我人を助けたい』という気持ちで任務に就いていたことを知りました。きっと自分の夫も最期まで、迎えに行くはずだった患者さんのことを気にかけていたのでしょうね」と。

思わず目頭が熱くなった。私がプロデュースしたのは、「たかが」アニメだ。でも、そのアニメが一人の遺族の気持ちを少し楽にできたのなら、こんなに嬉しいことはない。

その数か月後、私は「よみ空」のムック（資料本）の取材で秋田救難隊を訪問した。その時、一人の2佐が近づいて来て「杉山さんですか？　一緒に写真を撮ってください」と声を掛けてくれた。「実は家内が『よみがえる空』のファンで、写真を見せてやりたいんです」と。

一緒に写真を撮って貰ったこの人物が、後に千歳救難隊長となる中澤武志2佐だった。

航空自衛隊38-4578

中澤2佐の隊長任期中に千歳救難隊は創設50周年を迎えた。中澤2佐は創設50周年の記念事業として、遊楽部岳の墜落事故を忘れないためのモニュメントを部隊庁舎内に設置することを決めた。中澤2佐は方々手を尽くして事故機のサイクリックスティックのグリップを探し出し、それを誰もが握ることができるようにモニュメントに設置した。パイロットが事故の瞬間までに握っていたグリップに手を添えることで、隊員への航空安全への意識付けを行なうことが目的だった。

それを知った私は、中澤2佐にM代さんを巡る事のあらましを話すことにした。遊楽部の事故を忘れず教訓とするため、隊内へのモニュメント設置などを進めてきた中澤2佐なら、私の気持ちを分かって貰えるだろうと思ったからだ。

その年の忘年会で私は中澤2佐と再会し、忘年会が終わった後に二人きりで別の店に移動し差し向かいで話をした。その席上で、中澤2佐は「杉山さんに報告すべきことがあります」と切り出した。その年に千歳基地で執り行われた恒例の殉職者慰霊祭に、M代さんが息子さんを連れて参列されたというのだ。中澤2佐は私からその話を事前に聞いていたこともあり、自らが心を込めて二人の接遇に当たったという。そして帰り際、M代さんは中澤2佐に「迷いはありましたが、きて良かったです」と告げたというのだ。

ずっと距離を置いてきた自衛隊、しかも亡くなった夫が勤務していた基地での慰霊祭。参列を決心するには色々と葛藤があったに違いない。それでも、「行ってみよう」と心に決めたきっかけが、もし「よみ空」にあるとしたら、これほど制作者冥利に尽きる事はない。この仕事をしていて本当に良かった。心からそう思った。

そして今年、私は思い切ってM代さんにお会いすることにした。夏休みに大阪の実家に帰省した際、今は京都に住むM代さんに初めて面会した。そこで事故当時から現在に至るまでの様々なお話を聞くことができ、筆者は改めて航空自衛隊救難隊を追い続ける事を心に決めた。

そしていつか遊楽部岳の事故を記録としてまとめ、救難隊の任務や実績について、広く多くの方々に伝えたいと思う。そしてそれが、微力ながらも国民の命を救う任務に殉じた自衛官やその遺族の役に立つことに繋がれば幸いである。

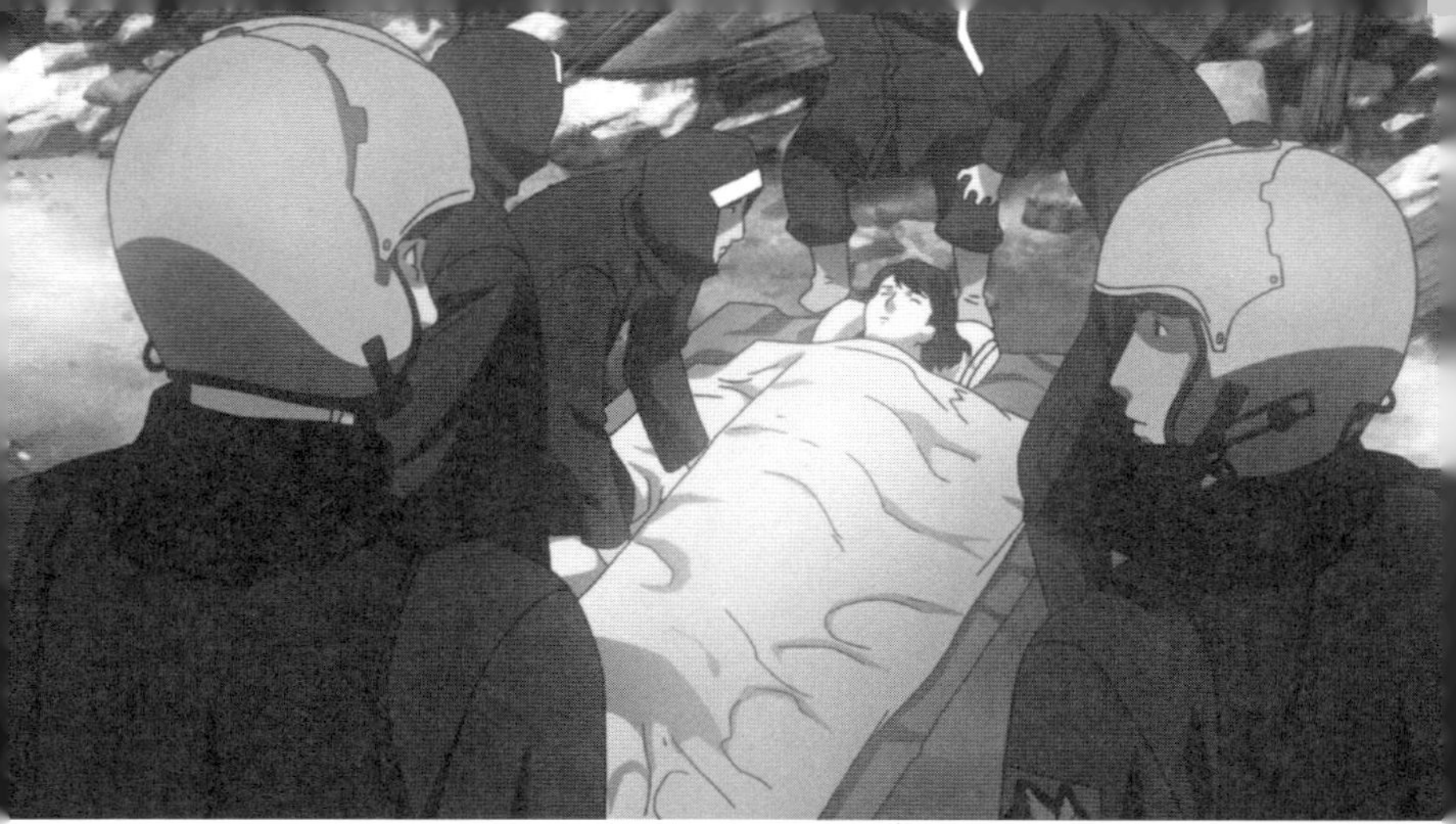

第四章
報道と自衛隊

episode 18 救難の報道について(前編)

隔月刊『スケールアヴィエーション』2012年7月号「ツバサノキオク第六回」初出

2009年9月11日、岐阜県防災航空隊【注1】の防災ヘリが北アルプスの奥穂高岳で山岳救出活動中に墜落する事故が発生した。心肺停止状態となった登山者を救出に向かった救難ヘリが救出作業中に墜落、搭乗員が死亡するという状況と、急峻な岸壁の下で燃える機体という衝撃的な「画」故に新聞やニュースでも大きく報道されたため、覚えている読者諸兄も多いだろう。筆者はこの事故の報道に当初から疑問を感じていた。その報道の多くが、「高山岳救出の経験が浅い未熟な操縦士が、県警の忠告を無視して無謀な救出作業を実施した挙句、墜落し搭乗員が死亡した」というトーンだったからだ。

初期の報道では操縦士の朝倉仁氏が航空自衛隊の操縦士出身ということが伝えられていた。空自でヘリを運用しているのは航空救難団だけである。割愛【注2】等で空自を辞めた後でヘリに転換したのでなければ、救難隊出身の可能性が高い。だとすれば、高山岳救出の経験が浅いということは考え難い。航空自衛隊の救難隊は、自衛隊航空機搭乗員の捜索救助を

注1：岐阜県防災航空隊
岐阜県が県下の消防防災体制の充実強化のため、知事直轄の危機管理部門防災課に設置した防災航空隊。設立は1994年1月1日で、配置は岐阜飛行場。同年4月1日防災ヘリ「若鮎Ⅰ」（BK117B・2）の運航をセントラルヘリコプターサービスに委託する形で開始。1997年4月1日、自主運航機として2機目の防災ヘリ「若鮎Ⅱ」（ベル412EP）の運航を開始、自治体防災航空隊としては珍しい2機体制を確立した。2009年9月11日、「若鮎Ⅱ」の墜落事故が発生、3名の殉職者を出し、再び1機体制となった。2011年11月17日に3機目となる「若鮎Ⅲ」（ベル412EP）の運航を開始して

ボーイング・バートル社が開発したタンデムローター式の汎用ヘリコプター。原型初飛行は1958年。安定した飛行特性と広いキャビン容積による汎用性の高さから世界各国の軍で採用され、日本でも陸海空自衛隊が採用した他、警視庁や民間航空会社でも使用された。航空自衛隊のV-107Aは2009年11月を以って全機退役した（写真提供：杉山 潔）

主たる任務とし、山岳救出も洋上救出もオールマイティに実施する「救難最後の砦」と呼ばれる精強な部隊。空自救難隊出身であれば現役時代に高山岳救出の実任務もしくは訓練で経験を積んでいたはずだ。

当初の報道では、朝倉氏が空自に入隊した1971年からの総飛行時間は5740時間、岐阜県防災航空隊での飛行時間は約2800時間とされていた。ということは、空自での飛行時間が約3000時間だったことになる。出身

現在は2機体制に回復している

注2：割愛
操縦士を必要とする民間航空会社、航空機製造会社、地方自治体等の要請を受けた防衛省が一定数の操縦士を推薦し、移籍させることができる制度。かつての高度経済成長期に民間の操縦士が不足した際、民間航空会社等の操縦士需要に応えるとともに、一定数を移籍させて過剰な引抜を防止しようとしたのが制度の目的だったとされる。現在の防衛省所属の操縦士は、その養成過程で事業用操縦士免許等を取得しているため、民間航空会社にとっては即戦力となるメリットがある

が防大もしくは一般大か航空学生によって違いはあるが、3000時間の飛行時間は決して少ないものではない。しかし、何故か朝倉氏の空自でのキャリアについて報道しているメディアは見当たらなかった。

メディアは何を根拠に朝倉氏の経験を浅いと判断したのか。何か事実誤認があるのではないか。疑問に感じた私は複数のヘリ操縦士等関係者の意見を聞き、自分なりに事実関係を検証してみた。それによって判明したことは、朝倉氏は航空自衛隊時代には救難ヘリの操縦士で、高山岳救出に関する充分な知識も経験もあったということである。

航空学生27期の朝倉氏は1997年3月に航空自衛隊を退職、同年4月より岐阜県の防災航空隊に転職している。岐阜県防災航空隊がベル412EP「若鮎Ⅱ」を導入したのも1997年。朝倉氏は事故発生までの約12年間の間、ベル412EPの専任操縦士として年間200時間以上飛んでいたのである。防災航空隊での2800時間の飛行時間のほぼ総てをベル412EPで飛んでいた朝倉氏は、恐らく当該機固有の癖まで把握していたはずだ。

そもそも、運輸安全委員会【注3】が2011年10月28日付けで発表した航空事故報告書（AA2011－7）に拠れば、朝倉氏の実際の飛行時間は当初の報道よりはるかに長い約8790時間。ベル412EPでの飛行時間は2791時間だったから、航空自衛隊で約6000時間の飛行を経験していたベテラン操縦士だったことになる。

勿論、飛行時間が長いベテランだからといって事故を起こさないという保証は無い。では、

注3：運輸安全委員会
航空事故や鉄道事故、船舶事故または重大インシデントの原因究明調査を目的として、2008年10月1日に国土交通省の外局に設置された独立行政委員会。調査目的は事故の防止および被害の軽減を図ることであり、事故責任を問うことではないとされる

高山岳救出の経験はどうだったか。報道では高山岳でのホバリングや救出の経験が無いとされていた。果たしてそれは事実なのか。

45歳の時に3佐で航空自衛隊を退職した朝倉氏は百里救難隊等の部隊で勤務し、最後の勤務部隊である浜松救難隊時代には、空自救難各部隊の高山岳救出技術の練成を目的とする高山岳救出集合訓練【注4】の指導者的立場にあった。当時、浜松救難隊はV-１０７Aの高山岳救出集合訓練のホスト部隊であり、朝倉氏はV-１０７Aのベテラン操縦士として、全国の救難隊から集まるV-１０７Aのクルーを指導する立場にあったのだ。

浜松救難隊の管轄する南アルプスは主として標高２５００m以上の山々が連なり、３０００mを超える山も10座ある。つまり浜松救難隊で高山岳救出集合訓練の指導者的立場だった朝倉氏は、経験が無いどころかヘリによる高山岳救出のエキスパートだったのだ。ベル４１２EPでの経験は無かったかとしても、高山岳救出については充分な知識も経験も有していたことになる。

これらのことを踏まえると、メディアの報道はあまりに一方的過ぎなかったか。メディアはなぜ朝倉氏の航空自衛隊でのキャリアについて報じなかったのか。果たして取材はしたのか。

実は筆者にはこの事故について、ずっと気になる点がもうひとつあった。それは、なぜこの高山岳救出に岐阜県警航空隊ではなく防災航空隊が出動したのかと言うことだ。

注4：高山岳救出集合訓練 １９７８年５月に航空自衛隊小松救難隊のV-１０７救難ヘリが北アルプスの槍ヶ岳で遭難者の救出作業中、山荘の屋根上に接触し横転転覆した事故を契機に、航空自衛隊において開始された訓練プログラム。空気密度の低さによるエンジン性能や操縦性能の低下が発生するとともに、天候の変化が急激で乱気流が発生しやすい高山岳地での救助法の確立と普及を目的としている。UH-60JとV-１０７Aの２機種が運用されていた時代はUH-60Jの訓練は小松救難隊で、V-１０７Aの訓練は浜松救難隊で実施されていたが、V-１０７Aが全機退役した現在は、UH-60Jの訓練も浜松救難隊で実施されている

ベル・ヘリコプター・テキストロン社が開発した双発汎用ヘリコプター。陸上自衛隊でも採用しているUH-1の発展型である412シリーズの最新型。世界各国の軍や警察等で採用されており、日本でも警察航空隊や消防航空隊、自治体防災航空隊等に多数が採用されている（写真提供：小泉"Scotch"正博）

当時、岐阜県では主として高山での遭難には県警航空隊が対処し、低山での遭難やドクターヘリとしての運航を防災航空隊が担うと言う、暗黙の取り決めがなされていた。報道に拠れば、当時遭難の第一報が入ったのは防災航空隊。本来であれば標高3163mという奥穂高岳ジャンダルム【注5】での遭難事故ならば県警航空隊に引き継がれ、県警航空隊が出動するはずだった。しかし当時、県警航空隊では隊長と副隊長が揃って愛知県に出張中で不在だった。高山岳救出には隊長以外の隊員にはスキルが無かったとの報道もあった。つまり県警航空隊はこの事態に即応はできなかったのだ。

注5：ジャンダルム
語源はフランス語の「憲兵」であり、山岳用語では前衛峰の意味で使われる。奥穂高岳ジャンダルムは標高3163mのドーム状の岩峰であり、西穂高岳から奥穂高岳に縦走する際に、稜線上に立ち塞がるように現れる。穂高岳登山の難所とされる

朝倉氏も遭難者が骨折程度の怪我なら、取り決めに従い県警航空隊の出動を待ったかもしれない。しかし、遭難者は心肺停止状態との情報が届いていた。県警からの出動自粛の要請に対し「待てない」と回答して出動を上司に上申し、許可を得て遭難現場に向かった。この朝倉氏の判断は間違っていたのだろうか。そもそも県警航空隊の指揮官である隊長と副隊長が同時に離隊していた事は問題ではなかったのか。

私は事故報告書を元に、再度ヘリ運航に携わる関係者に意見を聞いた。そこから見えてきたのは、この事故原因の複雑さとメディアの報道姿勢の問題である。

episode 19

救難の報道について(後編)

隔月刊『スケールアヴィエーション』2012年9月号「ツバサノキオク第七回」初出

2009年9月11日に発生した岐阜県防災ヘリ墜落事故に関する報道は、当初より操縦士の経験不足が原因であるかのような論調だった。それは2011年1月28日に運輸安全委員会が「経過報告書」を発表した際も同じだった。この中間報告に当たる文書には、殉職した操縦士の朝倉仁氏の同防災航空隊における飛行時間と訓練内容等の経歴が客観的に書かれていたに過ぎない。それに拠れば、確かに〝防災航空隊における〟高山岳での訓練や実出動の経験はかなり少なかったといえる。しかし、それはあくまで同隊での経歴を客観的に記述したに過ぎず、そこには「経験不足」との指摘は無い。それをマスコミはさも中間報告が経験不足を示唆するかのように報じたのだ。

前回も指摘したように朝倉氏の総飛行時間約8790時間の内、約6000時間は航空自衛隊でのものだった。マスコミは報じなかったが、空自では航空救難団所属の救難ヘリ操縦士で、最後の所属部隊である浜松救難隊では高山岳救出集合訓練の指導者的立場にあった。

運輸安全委員会が発表した、岐阜県防災ヘリ墜落事故に関する航空事故調査報告書（AA2011-7）。本項では紹介しきれなかった事故原因の分析が詳細に記載されている。運輸安全委員会のホームページ（http://www.mlit.go.jp/jtsb/）から誰でもダウンロードすることができる。ぜひ一読をお勧めする

取材した故人を知る関係者は、朝倉氏のことを「日本でも有数の高山岳救出のエキスパートだった」と断言する。別の関係者に拠れば、同訓練開始当初、教本等がまだ充分に整備されていない時期には、自ら指導用資料を作成するなど教育にも熱心だったという。このような人物が果たして高山岳救出に経験の浅い操縦士だろうか。

事故報道にはもう一つ解せない点がある。それは、県警航空隊が事態に即応できなかった理由を問題視したマスコミが見当たらない事だ。報道に拠れば、本来高山岳救出を担当すべき県警航空隊が即応できなかったのは、隊長と副隊長が揃って愛知県に出張していたからだという。これは空自では考えられないことだ。空自では通常、年末年始や盆などの長期休暇は、隊長と飛行班長が前段と後段に別れて取得、どちらかが必ず在隊し、緊急事態への対処を可能にしている。しかし岐阜県警航空隊は、高山岳救出経験のある隊長と副隊長が同時離隊していたのだ。

なぜマスコミはこの組織運用を問題視しないのか。今回の事故では県警が業務上過失致死容疑で県防災航空隊を家宅捜索している。その内容は、県警記者クラブに対してプレスリリースとして発表される。記者が裏取り取材をせずにそのまま掲載すればどうなるか。バイアスのかかった一方的な情報により、未熟な操縦士が無謀な救出作業を強行した上、墜落して隊員が死亡したというストーリーが流布され、命がけで人命救助に臨み殉職した一人の操縦士の名誉が毀損される。本来なら記者がその妥当性を検証すべきところだが、それがなされたとは思えない。

では、この事故はどのような原因で発生したのか。運輸安全委員会による事故調査報告書でも断定的な見解は示されていない。事故調査報告書はあくまで関係者の口述を記録し、調査から判明した事実を列記し、事故に至る状況を可能な限り明示して原因を推定するに留まるからだ。

本件報告書では、事故の直接原因はホバリング中に機体が高山岳地特有の乱気流に煽られ、メインローター・ブレード（ＭＲＢ）が岩壁をヒットしたことだと推定されている。しかし報告書からは、間接的に事故を誘発した可能性のある防災航空隊の体制についての幾つかの問題点も浮かび上がる。

朝倉操縦士は県警からの出動中止要請に従わず出動を強行したとされている。しかし、彼は独断でヘリを飛ばしたわけではなく、上司である防災航空センター長（運行管理責任者）

に出動を上申し、許可を得ている。つまり手続き的には適正であったということだ。しかし、出動を許可したセンター長のポストは実質的には形式的なものだったらしく、当時赴任して半年のセンター長は「ジャンダルム（事故発生場所）が何処にあり、どれだけ危険な場所かという知識はなかった」と証言しており、航空の知識さえ乏しかったという。組織運用の面から考えれば、GO／NO GOを決断し責任を負うべきポジションの人物が、任務の危険性についての知識が不足し、普段から実質的に防災航空隊長や機長の判断を追認していた状態は適切とは云えないだろう。

また記録から、救出作業時の機体重量は地面効果外ホバリング可能最大重量【注1】を超えていたことが推定されている。勿論だからと云って必ずしも事故に繋がるとは限らない。現場に上昇気流が発生していれば機体重量が制限値を超えていても安全なホバリングが可能な場合もあるし、そもそも高山岳地でのホバリングでは、事前に入念なパワーチェックを実施するからだ。しかし、上空でホールドして燃料を消費し機体重量を減らしていれば、或いはリスクを軽減できたかもしれない。そこに、心肺停止状態の遭難者を一刻も早く救出しようという焦りが生まれた可能性は否定できないだろう。

さらに、当時は操縦士一人体制で任務に臨んでいた。これは当時の防災航空隊の運用規定からも逸脱はしていないが、仮に操縦士二人体制であったなら、MRBが岩壁をヒットする前に機体姿勢の異常に気づいたかも知れない。

注1：地面効果外ホバリング可能最大重量
地面近くではヘリのローターが発生させるダウンウォッシュが地面を押す反作用で機体を持ち上げる力が働く。これが地面効果である。この地面効果が影響を及ぼさない状況下でのホバリングが可能となる最大機体重量のこと

こうして見てみるとこの事故は、様々な要因が絡み合って発生したと推測される。そもそも、事故とは本来そういうものなのだろう。

原因が何であれ事故が発生したことは事実。しかし、事故機のクルーは一刻も早く遭難者を救出すべく最善を尽くしたはずだ。調査に拠れば、事故機のホイストケーブルはカッターで切断されていた。MRBが岩壁をヒットし、操縦不能になって墜落しようとする中で、搭乗員が地上の救助員を巻き込まないよう咄嗟にカッターを作動させたのだろう。当該機の装備が一般的な防災ヘリと同等なら、ホイストカッターのスイッチは操縦士のサイクリック・スティックの他、救助員が操作するホイスト・コントロールグリップにも装備されていたはずなので、誰がスイッチを操作したかは特定できない。しかし、このことからも、クルーが最後まで任務に最善を尽くそうとしていたことは明らかだろう。

事故が発生した時、最も需要なことは犯人探しではない。原因を究明し、改善すべき点を明らかにして将来に生かすことだ。それこそが事故調査の目的である。しかも今回の事故調査報告書は、「所見」という形ではあるが改善すべき点にまで踏み込んで言及している。これは異例のことだという。事故調査にあたった係官も、殉職者の死を無駄にすることなく、今後の教訓とすることを強く望んだのではないか。

不幸にして事故は起きてしまった。原因を徹底究明し、将来に役立てることは絶対に必要だ。しかし報道は冷静かつ客観的でなければならず、読者の関心を惹くために扇情的に歪め

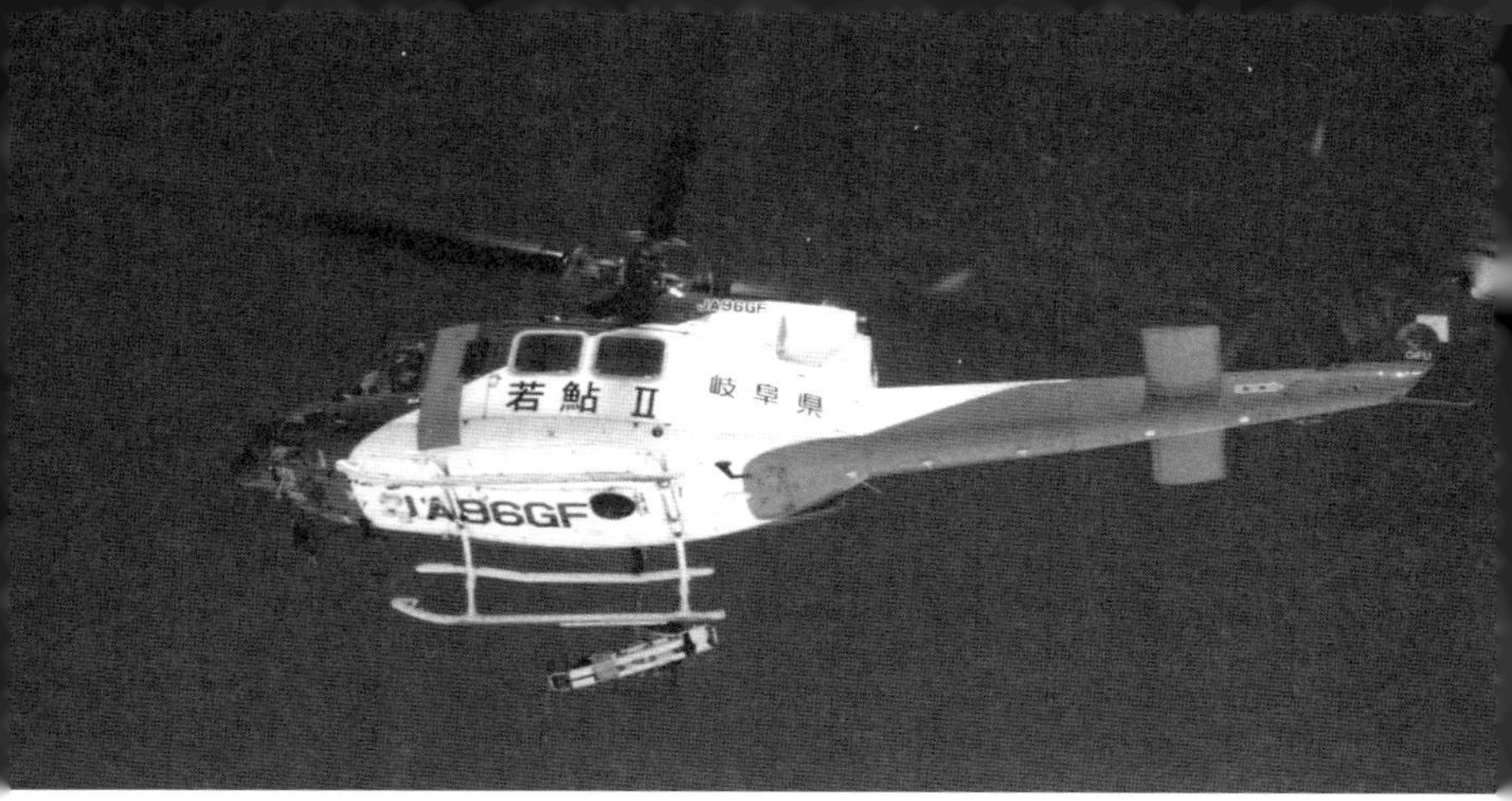

墜落した岐阜県防災航空隊のベル 412EP「若鮎Ⅱ」（写真提供：林 龍生）

られることがあってはならない。

episode 20

報道機関の取材ヘリコプター

隔月刊『スケールアヴィエーション』
２０１４年3月号
「ツバサノキオク第十三回」初出

今回は自衛隊航空機の災害派遣活動に対して、報道機関の取材ヘリがしばしば障害となってきた問題について紹介したい。

大きな事故や災害が発生した直後、現場上空には異なる目的を持った二種類の航空機が飛び交うことになる。被害状況の偵察と救出作業にあたる救難機関の航空機と、事故や災害の状況を速報しようとする報道機関の取材ヘリ等である。片や一刻も早く負傷者や被災者を救出しようとし、片や他社に先んじてスクープ映像をものにしようとする。勢い狭い空域の低高度域に多数の航空機が入り乱れる状況が生起することになる。そういった状況下では、空中衝突の危険性だけでなく、救難活動への支障が生じる。

実際に、これまでにも様々な問題が生起している。有名なのは１９９５年1月17日に発生した阪神淡路大震災に於いて、取材ヘリが捜索・救出活動の障害となった事例だろう。陸上自衛隊では八尾航空基地から訓練名目で戦闘ヘリＡＨ‐１Ｓを発進させて被災地上空へ偵察に送り込んだ。同機からの情報等により被害規模の甚大さを把握した陸海空自衛隊は、災害派遣要請受諾と共に捜索救難や救援物資輸送を本格化させた。中でも航空自衛隊や陸上自衛隊航空部隊はヘリによる物資空輸にその能力を遺憾無く発揮したが、同時に報道ヘリによる妨害行為を経験することになった。

当時、被災地上空では様々な航空機が飛び交っていた。自衛隊の航空機だけでなく、多数の自治体防災航空隊【注1】や警察、消防の航空機が狭い空域を飛び交い、被災者の捜索救難や物資空輸にあたっていた。加えて報道各社の取材ヘリも同じ空域で空から取材を続けていた。これにより狭い空域の中に多数の航空機が飛び交うことになり、空中衝突の危険性が高まったため、陸上自衛隊が空域統制【注2】を実施しようとしたところ、報道各社から「報道統制だ」と抗議を受けることになったのである。当然のことながら、それは報道統制を意図したものではなく、救難機関と報道機関双方の航空機の安全を確保するためだった。

では、具体的には報道機関の航空機はどのような障害となったのだろうか。特に有名になったのは、瓦礫に埋れた被災者を捜索する際に上空でホバリングして取材するヘリの爆音で、瓦礫の下からの助けを求める声が聞こえず人命救助の障害になったことだが、それ以外にも二次災害を引き起こしかねない状況を生起させた。自衛隊航空機に対する進路妨害や急接近である。ここでは航空自衛隊のケースを紹介する。

航空自衛隊は輸送航空隊の輸送機を投入し、阪神地域に近い航空自衛隊基地である小牧基

注1：自治体防災航空隊
一部政令指定都市の消防機関が組織する消防航空隊や、小規模な市町村に代わって都道府県が組織する防災航空隊を指す。救急・救助・空中消火などを実施する。都道府県防災航空隊の場合、消防活動は市町村の消防官吏が出向によって担当するが、運航や整備については民間委託されている場合が多い

注2：空域統制
所定の空域における航空機の運航をコントロールすること

2004年10月23日に発生した新潟中越地震に対して災害派遣出動した空自救難隊のV-107A。写真は長岡市山古志村虫亀地区の運動場に着陸すべくアプローチ中の模様（写真提供：航空救難団）

地を中継拠点として全国からの救援物資を集積、そこから輸送ヘリCH-47Jや救難ヘリV-107A【注3】等を使用して被災地内の運動公園等に設置された空輸拠点に物資を空輸した。その際、飛行中の輸送ヘリに対して報道機関のヘリが撮影のためか急接近するという危険な状況が多発したのだ。酷い場合には、進路を塞がれた輸送ヘリが空中接触を避けるために進路変更を余儀なくされるケースも発生したのである。

もちろん「報道の自由」

注3：V-107A
ボーイングバートル社が開発したタンデムローターの輸送ヘリコプター。日本では川崎重工がライセンスを取得して生産した。陸海空自衛隊で採用され、航空自衛隊では航空救難団所属の救難救助機として1967年から2009年まで運用されていた。シングルローター機に比べて横風特性に優れ、キャビン容積も大きいため救難機として適していたが、既に全機が退役し後継のUH-60Jにその座を譲っている。なお、初号機から17号機までがV-107、18号機以降はエンジンが強化されたV-107Aである

や「国民の知る権利」を掲げる報道機関にも言い分はあるだろう。他社に先駆けてより刺激的な画を撮りたいというカメラマンの気持ちも分からないではない。また彼らは被災地の状況を伝えることが救出や救援に役立つとも言うかもしれない。

しかし、このような危険行為によって万が一救難ヘリと取材ヘリが空中接触を起こしたらどうなるか。二次災害によって新たな死傷者が発生するばかりか、そちらの救助に被災者のためのリソースが割かれてしまう。被災地の情報にしても、まず必要なのは報道ヘリが伝えるピンポイントの情報ではない。救援の手数が不足しがちな広域災害に於いては、救命救急に於けるトリアージ【注4】同様、優先順位を付けることが重要だ。まずは被害の全体像の把握が急務なのである。

阪神淡路大震災に於ける報道ヘリの傍若無人な振る舞いについては、特に瓦礫に埋もれた被災者の捜索の障害になったという点から、一般国民からも非難の声が上がったが、ではその後報道機関は報道ヘリの運用について改善を図ったのだろうか。残念ながらその後も同じことが繰り返されてきたのである。そのいくつかをケースの紹介しよう。

◎航空救難の事例だが、２００７年3月30日に墜落した陸自のＣＨ‐47ＪＡに対する航空救難中の空自救難ヘリに報道ヘリが異常接近したケースがある。これは、徳之島（鹿児島県）へ緊急患者空輸（災害派遣）に向かう途上、天候不良により島の天城岳山頂付近に墜落した

注4：トリアージ
大規模災害発生時などでの救命救急活動に於いて、通常の人的・物的リソースでは対応することが困難な場合、負傷者の容態に合わせて救命の優先順位を決定して４つのグループに選別すること。一般的には助かる見込みのない者や軽傷者よりも、処置による救命可能性が高い者が優先される

陸自第101飛行隊（当時）のCH‐47JAに対して捜索救難を実施中の空自那覇救難隊のUH‐60Jが、NHKの報道ヘリから急接近されたものである。当初NHKは非を認めなかったが、空自当該機の機長は航空法に基づく異常接近報告を国土交通大臣に提出し、同省は航空重大インシデントとして事故調査官を派遣している。

◎岩手・宮城内陸地震の際、山道を走行中に沢に転落したバスから松島救難隊のUH‐60Jが乗客乗員をピックアップした際のケース。この救出シーンが某社の報道ヘリが撮影した映像によってニュース等で大きく取り上げられた。映像としては迫力のあるものだったが、この映像から判断すると撮影機は救出作業中のUH‐60Jの上方に占位していたことになる。サバイバー救出にあたる救難ヘリは、不測の事態に対応できるよう、常に離脱方位を確保しながら作業を実施している。山間部での低高度ホバリング中であれば、一番安全なのは上方へ離脱することだ。その上方を他のヘリがホバリングして塞いでいたらどうか。

そして、2011年3月11日に発生した東日本大震災である。実はこの際、それまでの反省に立って自衛隊サイドと報道サイドで取り決めが行われたという。それは救難活動をする航空機と取材する航空機の飛行高度域を分離するという内容だった。しかし、多くの報道ヘリはその協定を遵守したものの、一部の報道ヘリは救難活動の障害になりかねない行為を続

積雪期の山で遭難者を救出するため、稜線付近でホバリング中のV-107A。機体左下の雪面にサバイバーが見える。山岳地帯には特有の山岳波と呼ばれる乱気流が発生しやすく、航空機の飛行には危険が伴う（写真提供：航空救難団）

けたということだ。

大規模災害が発生した場合、最も優先されるべきは人命救助であり被災者支援であることは論を待たない。これら報道ヘリの取材方法は、果たして正しかったのか、疑問に思わざるを得ないのである。

第五章
自衛隊アラカルト

episode 21

「メディック」と呼ばれる救難員

隔月刊『スケールアヴィエーション』2012年5月号
「ツバサノキオク第五回」初出

航空自衛隊の飛行職種というと、普通まず思い浮かべるのはパイロットのことだろう。しかし、航空自衛隊にはそれ以外にも機上整備員【注1】、機上無線員【注2】、空中輸送員【注3】など様々な職種の飛行職種が存在する。その中でも特に異色なのが救難員だろう。「メディック」と呼ばれる救難員は、救難隊の保有する航空機に搭乗して捜索救難を実施する特技員のこと。救難捜索機U‐125Aに搭乗する場合はキャビン左側の捜索窓のある席に座り、目視によるサバイバー（要救助者）の捜索を実施し、救難救助機UH‐60Jに搭乗する場合には、コクピット後方左右のバブルウィンドウが設置された捜索席で目視捜索するほか、サバイバー発見後は機外進出してヘリに救い上げるのが任務である。

空自救難隊の設置目的は、事故や戦闘で墜落もしくは不時着した航空機の搭乗員等の捜索救助。航空機はいつどこで緊急事態に陥るか予測できない。洋上の場合も山岳地帯の場合もある。都市部の場合もあるだろう。時間帯や天候、季節も問わない。つまり、メディックに

注1：機上整備員
FE（Flight Engineer）と呼ばれる。空自救難隊ではUH・60Jに搭乗。パイロットの後方中央の座席に座り、飛行中は計器監視や飛行時間・残燃料量等の計算を行い、パイロット対して任務実施上の助言をする。さらにメディックの機外進出時にはキャビンに移動してホイスト操作を担当する

注2：機上無線員
RO（Radio Operator）と呼ばれる。空自救難隊ではU・125Aに搭乗。通信業務を担当するほか、レーダーやFLIR（赤外線画像装置）を使用して目標の捜索を実施する

注3：空中輸送員

（写真左）東日本大震災に対する災害派遣での被災者救出の実録写真。空自救難隊のメディックは広大な被災地で孤立した多数の住民をこのようにして次々と救出し、安全な場所へと搬送した（写真提供：航空救難団）
（写真右）ストレッチャーを使用してサバイバーを UH-60J へと収容中のメディック。キャビンから手を伸ばしてサポートしているのが、ホイストオペレーターを務める FE（写真提供：杉山 潔）

はいつどこでも、どのような状況下でもサバイバーを生きて連れ戻すことができる、オールマイティーな能力が要求されるのだ。

そのため、メディックには高度な身体能力と判断力が求められる。年一回、一定の基準を満たした志願者の中から救難員教育課程に選抜され、「地獄」と称される過酷な教育を経てメディックが誕生する。毎年定員の数十倍の志願者の中から6名程度が救難員課程に入校するが、全員が卒業できるわけではない。学生は肉体的にも精神的にも限界ギリギリまで追い込ま

ロードマスターと呼ばれる。輸送機のキャビンにおいて人員や物資の搭載・卸下、及び統制・管理を担当する搭乗員。また、搭載貨物の重量を計算して搭載位置を決定するなど、搭載人員・物資に対する責任者でもある

れ、さらにその限界値を押し上げることを要求される。適性が無いと判断された場合は容赦なくエリミネート【注5】となるため、卒業できたのが僅か1名だったという年もあるという。

無事卒業できてもそれだけでは終わらない。部隊配属後には陸上自衛隊第一空挺団での空挺レンジャー課程を修了することが求められる。さらに近年では修了までに約3年掛かる救命救急士の資格取得が進められている。メディックの左胸には、航空機搭乗員であることを表す航空士徽章のほか、初級降下課程修了を表す空挺徽章、空挺レンジャー教育を修了したことを表すレンジャー徽章が並んでいる。これらの資格を全て取得しているのは空自のメディックだけ。つまり、メディックは陸海空自衛隊員の中で最も頑健で精強な隊員と云って差し支えないだろう。

外見も、多くのメディックは頭髪をクルーカットに短く刈り込み、身体は鍛え上げられた逆三角形をしている。厳つい風体で名実共に猛者のメディックだが、しかし、彼らとて人間だ。過酷な救難現場で目の前の命とクルーの安全の狭間で悩み葛藤し、傷つくことがある。

私がまだ空自救難隊を取材し始めて間もない頃、小松救難隊のある中堅メディックにこう質問したことがある。

「これまでで一番厳しかったミッションはどのようなものですか?」

この質問に彼はしばらく考え込んだ後、ぽつりと答えた。

「……できなかったことですね」

注5:エリミネート
技量や適性不足等によって教育課程から外されること

暗夜、時化の海の漁船から負傷船員を搬送する燃料ギリギリの遠距離洋上救出ミッションや、風雪吹き荒れる高山岳からの遭難者救出など、手に汗握るドラマティックな救出劇を期待していた私は、当初この言葉の意味が分からなかった。

彼が話してくれたのは、平成10年1月に韓国の冒険家四人が乗った筏が隠岐島の御崎付近で遭難した時の災害派遣任務だった。

「当時天候は非常に悪く、遭難現場に到着してサバイバーを視認したものの、暴風雨で安定したホバリングができる状況ではありませんでした。機上からサバイバーの生存は確認できましたが、波がとても高く救出は困難な状況で、機長は一旦ＲＴＢして天候の回復を待つ決心をしました。数時間後、天候が少し回復したのを見計らって再度現場海域へ進出しましたが、救出した一名は意識不明、残る三人は行方不明となっていました」

彼は、自分達の乗った救難ヘリがＲＴＢするのを目のあたりにしたサバイバーの気持ちを考えると「本当に申し訳ないと思う」と、少し目を潤ませながら話した。そして、こう続けたのだ。

「しかし、あの時ミッション中止を決心した機長の判断は間違っていなかったと、今でも思います。あの状況下では救出は無理でした。強行していたら恐らく我々の誰かが命を落としていたでしょう」

あまりに厳しい救難現場の現実に、私には掛ける言葉が見つからなかった。彼はその体験談をこう締めくくった。

「でも、もしあの時、自分達のスキルがもっと高ければ、或いは救うことができたかもしれません。だから、自分達は厳しい訓練を自らに課し続けるしかないんです」

荒れ狂う大自然の前には、人間の力ではどうにもならないことが起きる。この事例でサバイバーを救出できなかった救難ヘリのクルーには何の落ち度もない。しかし、このメディックはサバイバーの命を救うことができなかった自分を責め、傷ついているようだった。

私は自分の不明を恥じた。彼らの仕事は目の前のサバイバーを救えるか救えないかという、その成否の結果に命に関わる重大な違いが生まれるものなのだ。私はその後の取材で、他のメディックからも同じような体験談を聞くことになる。彼らには、救った命より救えなかった命の方が記憶に焼きつくのだろう。

「救難最後の砦」と呼ばれる空自救難隊。しかし、その救難活動は無謀な冒険であってはならないのだ。他者を救う者は、自らが必ず生きて帰らなければならない。その戒めと現実の狭間で苦悩しながら、彼らは任務に就いている。

（写真上）メディックは必要とあれば、救難ヘリや輸送機からパラシュート降下してサバイバーの元へと駆けつける。写真はパラシュート降下用装備を着用したメディック。手前が新型の MC-5、奥が従来型の JE-1 改
（写真左下）過酷な環境下でサバイバーを救出し生還することを求められるメディックは、常に体力や筋力の練成に余念がない。各地の救難隊には格納庫の一角などにこのような筋力トレーニング用の各種マシンが備えられている
（写真右下）メディックが着用するネームタグ。右側に並ぶのは上から空挺徽章、レンジャー徽章、航空士徽章。（写真提供：杉山 潔／３点とも）

episode 22

空自の対領空侵犯措置任務

隔月刊『スケールアヴィエーション』
２０１２年11月号
「ツバサノキオク第八回」初出

航空自衛隊の主たる任務は外敵による空からの侵略を、航空戦力を以て阻止し国民と国土の安全を守る事であり、24時間３６５日の防空任務に就いている。平時における空自の最も重要な実任務は「対領空侵犯措置（対領侵）」任務である。これが一般的には緊急発進（スクランブル発進／【注1】）と称される国籍不明機（アンノウン）への対処行動だ。

「領空」は国際法によって国家主権の及ぶ範囲とされ、領海と同様海岸線から12ＮＭの地点を繋いだ線の内側と規定されている。12ＮＭとは僅かに22㎞。領空とは領土の周りに廻らされた薄い膜のようなものであり、１０００㎞／ｈで飛行する航空機なら領空侵入から約1分30秒で海岸線に到達してしまう。領空を侵犯されてから対処していたのでは間に合わない。そのため、空自は防空識別圏（ＡＤＩＺ）を設定している。これは、場所にもよるが隣国の海岸線と我が国の海岸線の概ね中間地点を結んだもので、最も遠い地点は領土から５５０㎞の距離にある。空自ではこのＡＤＩＺを越えて我が国に向かってくるアンノウンに対して対

注1：スクランブル
その様子がスクランブルエッグを作る時に卵をかき混ぜる様のように慌しいことから、「スクランブル発進」と呼ばれている

領侵措置を実施しているのである。空自は全国28箇所に設置しているレーダーサイトで日本周辺の空域を24時間３６５日休み無く警戒監視している。これらのレーダーサイトがＡＤＩＺに接近するフライトプランに無い航空機をキャッチすると、航空総隊隷下の北部・中部・西部の各航空方面隊及び南西航空混成団に設置された計４箇所の防空指令所（ＤＣ）にその情報がリアルタイムで送られ、アンノウンとして識別され監視対象（ＴＧＴ）となる。この情報は自動警戒監視システム（ＪＡＤＧＥ）により、航空方面隊作戦指揮所（ＳＯＣ）と航空総隊作戦指揮所（ＣＯＣ）も共有する。

ＴＧＴが領空に接近すると判断されると、ＤＣの地上要撃管制（ＧＣＩ）が要撃に最適な場所に所在する戦闘航空団基地に対してスクランブル発進を命令する。アラート機【注2】はアラートハンガーに２機一組で待機しており、短距離空対空ミサイル２発と20㎜ガトリングガンの実弾（弾数は非公表）で武装している。アラートベルが鳴ると同時にパイロットが待機室を飛び出し、戦闘機のコクピットに駆け登り５分以内にエアボーンする。

基地を発進した要撃機はＧＣＩの誘導により最短距離でＴＧＴとコンタクトすると、まず目視確認を実施する。国籍、機種を識別し進路や高度、速度、機外搭載品などをＤＣに報告した後、英語とＴＧＴの母国語で日本領空に接近していること、このまま進むと日本領空を侵犯することを通告し、直ちに進路を変更して日本領空から離れるよう指示。その後記録のために写真撮影を実施する。アラート機のコクピットには撮影のための一眼レフカメラが搭

注2：アラート機
対領侵任務のため、空自基地では通常2機一組の戦闘機が24時間態勢で待機に就いている。ミサイルや実弾を搭載しており、下令から5分以内にエアボーンする。冷戦期などスクランブル発進が頻発した頃には、戦闘航空団基地全てで5分待機の2機1組とバックアップの1組の計2組4機が待機に就いていたが、現在は航空方面隊毎に指定された基地がローテーションで待機に就いている

これらはいずれも航空自衛隊のアラート機によって2011～2012年以内に撮影されたアンノウンである。
（写真一段目右）Su-24「フェンサー」ロシア空軍戦闘爆撃機　2012年2月8日
（写真一段目左）Tu-95「ベア」ロシア空軍爆撃機　2012年2月8日撮影
（写真二段目右）Y-8 SIGINT 中国海軍電子情報収集機　2011年9月21日撮影
（写真二段目左）Il-20SDR「クートA」ロシア空軍電子戦／情報収集機　2011年12月27日撮影
（写真三段目右）Il-78「マイダス」ロシア空軍空中給油機＆Tu-95「ベア」ロシア空軍爆撃機　2011年9月8日撮影
（写真三段目左）Tu-22M-3「バックファイア」ロシア空軍爆撃機　2011年8月24日撮影
（写真四段目）A-50「メインステイ」ロシア空軍早期警戒管制機　2012年2月8日撮影
（写真五段目）Il-38「メイ」ロシア海軍哨戒機　2012年3月29日撮影
（写真六段目）Tu-142「ベア」ロシア海軍哨戒機　2012年4月12日
（写真提供：統合幕僚監部／9点とも）

載されており、パイロットはこれを片手で操作する。このカメラはレンズ部分にシャッターボタンがついておりパイロットが片手で操作できる特別のものだ。

これらの行動は全て公海上で実施され、多くのTGTはこの段階で進路を変更して領空から離れるが、稀に誘導に従わず領空に侵入することがある。TGTが領空を侵犯した場合は無線で警告し、1機がTGTの前方に出て翼を振り「我に従え」と合図する。TGTが誘導に従わない場合は、進路を妨害するように飛行して強制的に進路変更を促すこともある。それでも進路を変更しない場合は相手パイロットから見える位置でガトリングガンの信号射撃を実施する。このガトリングガンには通常より多い割合で曳光弾が装填されており、その発光によって警告効果を高めるようになっている。

これらの警告行動を経てもTGTが誘導に従わない場合は、最終段階として近くの基地へ強制着陸させるか撃墜ということになるが、幸いなことにこれまで一度もこの事態には至っていない。

昨年度のスクランブル発進は425回。概ね一日に約1・2回の割合で日本の何処かの航空基地からアラート機がスクランブル発進していたことになる。東西冷戦の最盛期である1980年代には年間900回を越える年が3回あった（最多は944回）。この時期は各地の航空基地からひっきりなしに戦闘機がスクランブル発進していたことになる。

1954年に航空自衛隊が創設され、対領侵任務が米空軍から航空自衛隊に移管されてから58年。この間スクランブル発進の累計回数は2万1000回を超える（平成20年度末までで2万0773回）が、実際に領空を侵犯されたのは現在までに34回。いずれも武力行使することなく領空外に退去させることに成功している。その意味で航空自衛隊は対領侵任務を成功裏に実施し続けてきたことになるが、この任務の実施環境には難しい問題が横たわっている。

もしTGTがアラート機に対して攻撃を加えて来たら、空自戦闘機はどのような対処行動が取れるのか、そしてその根拠となる法律はいかなるものか？　対領侵任務は自衛隊法84条に基づいて実施されるが、規定されているのは領空外に退去させる、もしくは強制着陸させるというところまで。武器使用については刑事訴訟法36条1項の正当防衛・緊急避難条項を準用することになっているため、その法解釈については常に議論となっているのが現実なのだ。

つまり、仮にアラート機の一機が攻撃を受けて撃墜された場合、果たして僚機は反撃することが可能かという問題である。攻撃を受けている間は僚機による反撃は可能とされるが、TGTが攻撃後離脱して領空外へ退去している場合に追撃して攻撃することができるかという点については、法解釈上で議論がある。事態が一旦収束し自機に対する直接的な脅威が消滅しているから反撃できないという意見もあるのだ。そして実際に反撃した場合においては、パイロット個人が刑法36条1項に違反していないかが問われることになる。これは、自衛隊に明確な交戦規定（ＲＯＥ）が無いことが原因で、このような突発的な状況における武器使用については、民間人に適用される刑法が準用されるという法運用が大きな矛盾を呼んでいると云えるだろう。

対領侵任務は国家の主権の行使といえる。軍事組織による主権行使の重要部分の根拠となるのが刑法で果たして良いのだろうか。自衛隊のＰＫＯに於ける武器使用についても同じ問題を抱えているのだ。

このようなナンセンスな状況下に於いても、彼ら自衛官は黙々と任務を遂行しているが、この状況をこのまま放置しておいて良いはずは無い。我々国民がシビリアンコントロールの下で自衛隊に軍事力による国防を委託している以上、彼らをきちんと動ける組織に維持するのは政治家の側の責任のはずだ。この点を政治家も国民ももう少し真剣に検討する必要があるのではないだろうか。

episode 23

航空救難団の隷属替え記念式典

隔月刊『スケールアヴィエーション』
2013年5月号
「ツバサノキオク第十回」初出

2013年3月25日（月）26日（火）の二日間、航空自衛隊入間基地と横田基地においてふたつのセレモニーが厳粛に執り行なわれた。航空自衛隊航空救難団の隷属替えに関連する記念式典である。25日は航空救難団を送り出す側の航空支援集団主催、26日は迎え入れる側の航空総隊主催によるものだった。

筆者も『航空救難団を支援する会』の事務局長として、会長の斎藤章二氏と共にご招待いただいた。25日は仕事の関係上斎藤氏は欠席、26日は会長と共に二人揃って航空総隊司令官、航空救難団司令、隊長等錚々たる列席者の末席を汚させていただく機会を得た。列席者の中で空救団OB以外の民間人は斎藤氏と私のみ。貴重な経験だった。

25日の航空支援集団主催の式典は入間基地内の入間ヘリコプター空輸隊のハンガーに於いて、航空支援集団司令官・廣中雅之空将の訓示と、航空救難団司令・石野貢三空将補から司令官へ指揮官旗の返納が行われた後、エプロン地区に於いて所属航空機を背景に記念撮影

（写真上）3月26日の記念行事は航空総隊主催によるものだった。入間ヘリコプター空輸隊ハンガー前のエプロンで、航空救難団所属航空機の前で撮影された記念写真。当日は航空総隊司令官、航空救難団司令、航空救難団隷下部隊指揮官、歴代航空救難団司令など、錚々たるメンバーが列席した（写真提供：航空救難団）

（写真右上）3月25日、入間基地に於ける航空支援集団主催の隷属替え記念行事において、居並ぶ航空救難団隊員に対して訓示を行う航空支援集団司令官・廣中雅之空将。自らの指揮下を離れる部下に対する惜別の思いと、新たなステージに立つ航空救難団への祝意を込めた簡潔かつ感動的なものだった。なお、式典には中部航空方面隊司令官等入間基地所在部隊の指揮官も列席した（写真提供：杉山 潔）

（写真下）航空総隊司令部ロビーに於いて行われた旗立式。航空総隊各部隊の隊旗が並ぶ前で、航空救難団隷下部隊の隊長が順番に真新しい隊旗をその由来と共に紹介、旗立台に設置した。これ以降航空総隊司令部に他の総隊隷下部隊と共に、航空救難団隷下部隊の隊旗が並ぶことになった（写真提供：杉山 潔）

が実施された。

26日はまず、前日と同じ入間ヘリコプター空輸隊ハンガーに於いて、航空総隊司令官・齊藤治和空将から航空救難団司令に対し指揮官旗の授与が行なわれた後、航空総隊司令官の訓示が行われた。これにより航空救難団は名実共に航空総隊隷下に入ったことになる。

両司令官による訓示は簡潔明瞭で、式典はものの15分程で終了。短い時間ながら濃密で緊張感の溢れる式典だった。

その後、バスに分乗して航空総隊司令部の所在する横田基地へ移動、幹部食堂での記念会食の後、会議室での概要説明と司令部ロビーにおける旗立式に列席した。その後は横田基地ツアー、司令部庁舎研修、祝賀会が執り行われる予定だったが、筆者は所用により途中退席せざるを得ず大変残念だった。しかし、航空救難団が新たなステージに一歩を踏み出す瞬間に立ち会うことができたのは光栄なことだった。

昭和33年3月18日の臨時救難航空隊新編から今日まで、航空自衛隊に於ける航空救難任務を担って来た航空救難団は、本年3月26日午前0時を以って航空支援集団隷下から航空総隊隷下に隷属替えとなった。これまで航空救難団は、航空自衛隊による航空作戦の主力を担う航空総隊を支援する組織である航空支援集団隷下で、航空救難や災害派遣を実施して来た。しかし、近年、戦闘捜索救難（ＣＳＡＲ）【注1】への対応能力整備の必要性から、戦闘機部隊との連携を強化するためにも航空総隊隷下に移管されるべきだとの議論もあり、政府によって航空救難団の航空総隊への隷属替えが閣議決定され、防衛省によって２０１２年11月６日の第１８１回臨時国会に自衛隊法改正法案が提出され可決、同年11月26日に法律が公布されたのだ。今回の隷属替えにより航空救難団は航空総隊の直轄部隊となった。これにより、各種事態へのより円滑で実効的な任務遂行が可能になると期待されている。特に敵勢力下でＣＳＡＲを実施する場合など、指揮系統や情報伝達経路の結節を極限することで、より明快で効率的な指揮・運用が可能となるものと思われる。今後は同じ航空総隊隷下部隊と、「ＡＷＡＣＳの警戒監視の下、戦闘機による援護と近接支援を受けながら搭乗員を救出する」といった想定での共同訓練も実施し易くなるだろう。

また、災害派遣への対処についても改善がなされることになった。これまでは、災害派遣

注1：戦闘捜索救難（CSAR）
敵勢力下での搭乗員救出を、実力を以って実施する救難方法のこと。CSARはCombat Search And Rescueの略。航空救難団のUH-60Jにも様々な整備が進められている。NVG（夜間暗視装置／Night Vision Goggles）の導入、MWSやCMDを装備したSP（Self Protection）型への改良、低視認性塗装への変更、自衛用機関銃MINIMIの導入等である

注2：MWS
ミサイル警報装置＝Missile Warning Systemの略。機体周囲に設置されたセンサーにより敵ミサイルから発せられる赤外線や紫外線を感知し、CMDと連動してチャフやフレアを射出する装置

注3：CMD
Counter Measure Dispenserの略。チャフ・フレア・ディスペンサーのこと。敵ミサイルを欺瞞するためのチャフ（対レーダー誘導ミサイル）やフレア（対赤外線誘導ミサイル）を射出する装置で、MWSと連動している

要請に対し、基地司令等が基地に所在する救難隊等を一時的に指揮するという運用であったが、今回の改編では航空救難団司令が災害派遣命令権者となった。これにより航空救難団司令が救難機等の運航を直接指揮することが可能となり、基地司令等と航空救難団司令が協力して対処するより実効的な指揮・運用が可能となったのだ。これは我々国民にとっても歓迎すべきことだろう。

航空救難団はこれまでも着々とその能力整備を続けてきた。ミサイルから自機を護るためのMWS【注2】やCMD【注3】等自己防御装置を搭載したUH‐60J（SP型）の導入（最終2機のU‐125Aにも搭載）、自衛用機関銃MINIMI【注4】の導入、救難員進出用装備として操縦性の高い方形傘（MC‐5）【注5】やゾディアックボートの導入、そしてUH‐60Jへの空中受油装置（プローブ）の搭載等である。そして更なる能力向上のため、UH‐60Jの後継機として、UH‐60Jのアビオニクスを一新するなどして能力を向上した新型のUH‐60J【注6】の導入も決定している。救難機だけではない。ヘリコプター空輸隊が運用するCH‐47Jも、現在では全機が気象レーダーを備え航続距離が2倍になったLR型に更新されている。

こうした機材等の能力向上の努力に加え、今回の改編は、より実戦的で実効的な組織的基盤の確立に寄与するだろう。今回の隷属替えが航空救難団をどのようにして、より精強な部隊へと進化させていくのか。期待を持って見守っていきたいと思う。

注4：自衛用機関銃MINIMI
平成11年に制定された周辺事態法を受け導入が開始された、自衛用の機関銃。航空自衛隊では他に基地警備用にも導入されている。各部隊に随時導入されている。口径は5・56㎜

注5：方形傘
MC・5型方形傘は、2005年に使用が開始された、キャノピーが長方形の落下傘。それまでの円形キャノピーのJE・1改型に比較して操縦性に優れ、高度の約3倍の距離を飛行することが可能

注6：新型のUH-60J
次期救難救助機のこと。複数の候補機の中からUH・60Jを改良する案が採用された。アビオニクスの一新によりグラスコクピット化される他、キャビン右側上部のレスキューホイストがタンデム装備となる予定

episode 24
海上自衛隊観艦式(前編)

隔月刊『スケールアヴィエーション』
２０１６年1月号
「ツバサノキオク第二十四回」初出

２０１５年10月18日、３年に一度の海上自衛隊観艦式が例年通り相模湾において執り行われた。今回は、新型哨戒機Ｐ－１や今年3月に就役したばかりの海上自衛隊最大のＤＤＨ（ヘリコプター搭載護衛艦）「いずも」が初参加するということもあり、メディアの注目度も高いものとなった。

海上幕僚監部広報室から、筆者にも18日の本番でのヘリによる空中取材の機会を頂いたので、海上自衛隊館山基地にお邪魔することにした。今回は航空自衛隊のレスキューから少し離れて、海自の哨戒ヘリの同乗取材を通じて感じたことを徒然に書いてみたい。

当日予定されていた空中取材のスケジュールは以下の通り。

０８３０〜０９００ 海自館山基地にて搭乗受付
０９３０〜１０００ 飛行前ブリーフィング
１０４０ 離陸
１１００〜１２５０ 取材飛行（相模湾上空）
１３１０ 着陸

搭乗受付では氏名の確認の後、ドックタグ（認識票）を受け取る。それぞれのドックタグには固有の番号が記載されており、万一事故が発生した場合の遺体の身元確認に使用されるため、自衛隊機の搭乗手続きの際にこれを受け取る時にはいつも一種の緊張を感じる。

取材陣は私を含めて14名。その他に海上自衛隊の記録撮影要員としてムービーカメラマン1名とスチルカメラマン1名の計2名が参加していた。恐らく厚木航空基地隊の写真班の隊員だろう。この16名が4人ずつ4機に割り振られるのだが、私は4番機にアサインされた。民間のムービーカメラマン（知人だった）と海自の隊員2名と一緒だった。

同乗取材のブリーフィングは第21航空隊のブリーフィングルームで実施された。ここでは全体スケジュールの確認、取材にあたっての注意事項、取材に関する要望の確認、搭乗機の機長の紹介が行なわれた。今回の取材飛行は、長崎県の大村航空基地の第22航空群が支援しているとのことだった。

注意事項の説明では、機内撮影は保全上NGとのこと。搭乗するSH‐60にはコクピットのSIF【注1】だけでなく、キャビン内に対潜器材が搭載されているため、これは当然の措置だろう。

緊急時のライフベストの使用方法についてもレクチャーがあった。海自のエアクルーが装着するライフベストには小さな緊急用酸素ボンベが収納されている。海上にデッチング【注2】した際に機体が水没した場合は、このボンベを咥えて機外脱出し、海面まで泳がなければならない。このボンベ、個人差はあるが概ね30回程度の呼吸が可能とのこと。これは少ないように思えるが、訓練されたクルーが脱出するには充分だという。

デッチングしたヘリが水没した際は、海中で上下逆さまにひっくり返ってから（ヘリは機体上部にエンジンやトランスミッション、ローターなどの重量物が搭載されており、機体上部の方が重いため水没するとひっくり返る）ハーネスを外して脱出ハッチを開放して機外に出る。ひっくり返ってから脱出するのは、海面に浮き出る際に、ローターブレードが下にあった方が脱出の妨げにならないからだ。海自のヘリクルーは、鹿屋基地の特設プールに設置された着水脱出訓練装置で、この一連の動作を徹底的に叩き込まれるため、機外脱出に要する時間はものの数十秒ほど。しかし、訓練を受けていない我々取材者はどうだろう。まあ、そのところはクルーが補助してくれるだろうから、あまり心配はしていない。

ただ、これはあくまでデッチングした後に機体が海没した場合のこと。SH‐60には、主

注1：SIF
Selective Identification Feature＝敵味方識別装置。従来のIFF＝Identification Friendly or Foeの個別選択識別能力を向上させたもの

注2：デッチング
不時着水のこと

脚付け根のバルジ部分に着水と同時に自動展張するフロートが装備されているので、これがきちんと作動すれば機体は暫く浮いている。このフロートだが、同様のものがＵＨ‐60Ｊにも装備されている。以前、ＵＨ‐60Ｊのフロートを地上で展張させた写真を見たことがあるが、まるでトノサマガエルの鳴嚢のような巨大な赤い風船が左右にふたつ膨らむのだ。その写真では、膨らんだ風船の上に乗っかる形で機体が地上から浮き上がっていたから、それなりの強度もあるのだろう。

まずは自分の搭乗する機体にいき、事前に機内の様子と着席位置を確認する。搭乗するのは第22航空群のＳＨ‐60Ｋ　８４２９号機。私の位置は後列の機首側だ。取材中は右側のキャビンドアを全開にして撮影することになるが、これはＳＨに限らず空自のＵＨ‐60Ｊにも共通する。ヘリの場合は固定翼機と違い機長席が右側にあり、機長席からは右側の方が視界が効くからなのだろうが、そもそもＳＨにはキャビン左側にソナーのコンソールとセンサーマン席【注3】が設置されておりスライドドアも無い。

私はこれまで取材で2度、ＳＨ‐60Ｊに搭乗したことがあるが、Ｋ型は初めて。機内に乗り込んでみてまず感じたことは、キャビンが広いということだ。空自のＵＨ‐60Ｊと同様にＳＨ‐60Ｊもキャビンの天井が低く機内で動くには少々骨が折れる。また、対潜機材や救難器材が搭載されたキャビンは非常に狭い。

しかしＳＨ‐60Ｋは、天井が高くなりキャビンフロアが前後に広くなって、キャビン容積

注3：センサーマン席
哨戒ヘリＳＨ‐60Ｊ／Ｋの主要任務は、味方艦艇に対する脅威となる敵潜水艦の探知と撃退。そのため、レーダーやソナーなどの高度な各種潜水艦探知用センサーを搭載している。そのセンサー類を操作する搭乗員（センサーマン）が着座するのがセンサーマン席で、キャビン左前方に設置されている

が増加している。天井が高くなった分体を動かしやすい。キャビン容積が大きいということはそれだけ自由度も高くなる。もっとも、搭乗した機体では通常はキャビンに搭載されているはずのディッピングソナー【注4】が取り外されていたこともあって、余計に広く感じたということはあるかもしれないが。

とまれ、SH-60Kは艦艇に搭載され艦艇乗員の救難活動等にも従事するから、広いキャビンはいろいろと使い勝手が良いはずだ。

SH-60KはJ型を元に日本独自で改良した航空機だが、キャビン容積を増加させるためにエアフレームの改造に手をつけたため、開発にはいろいろ苦労があったと聞く。それでも、この改造は正しかったということだろう。

なおK型では、J型では1枚だったキャビンドアが2分割式になっている。2枚のドアが重なって後部へスライドすることから、キャビンの開口部を大きく取ることが可能になった。開口部が大きいということは、資機材の搭載・卸下や救難活動には便利だろう。そして、これは我々取材者にとっても視界が広く取れて好都合なのだ。写真や映像撮影の自由度も高くなるため、他の取材者との軋轢も生じにくい。

自分の指定された席に座りキャビンを見回してみたところ、私はある装置に目をとめた。

注3：ディッピングソナー
SH-60J／Kに搭載された吊り下げ式ソナー。キャビン内部のケーシングに収納されており、ウインチでキャビン底部の穴から海中に降ろされ、潜水艦の発するノイズを探知する

（写真右上）観閲艦艇部隊の二番艦が、観閲官である内閣総理大臣の搭乗する観閲艦、DDH144「くらま」だ
（写真上左）受閲艦艇部隊による堂々の隊列。後方には海自最大の護衛艦「いずも」（DDH183）の姿が見える
（写真右中）筆者（向かって左）が空中取材で搭乗した哨戒ヘリ SH-60K（8429 号機）
（写真下）単縦陣を組む観閲艦艇部隊（写真提供：杉山 潔／ 4 点とも）

episode 25
海上自衛隊観艦式(後編)

隔月刊『スケールアヴィエーション』
２０１6年3月号
「ツバサノキオク第二十五回」初出

事前のブリーフィングの後、搭乗機の下見のためエプロンに駐機されたＳＨ‐60Ｋ（８４２９号機）のキャビンに乗り込んだ筆者は、機内を見回してクルーホバー装置【注1】に目を留めた。キャビン右側前方の壁面上部にフックを介して掛けられた、ホイスト・コントロール・ペンダント【注2】の下に設置された操縦桿がそれだ。このクルーホバー装置は電波高度計と連動しており、キャビンクルーが一定の高度を保ちつつ全周方向へ機体位置を微調整することができる。

これと同様の装置は空自の救難救助機ＵＨ‐60Ｊにも装備されており、救難活動には非常に有効な装置だ。山岳部のように機体位置によって対地高度が目まぐるしく変化する場所や時化の海では使えないが、穏やかな海上からのサバイバー救出には威力を発揮する。

ホバリング中、機長席からは自分の後方下部が死角となっており、サバイバーを目視しながらの機体操縦ができない。そのためキャビンクルーの誘導で機体を操縦する必要が生じる

注1：クルーホバー装置
電波高度計と連動して高度を一定に保ったまま、キャビンクルーが簡易的に機体の位置を全周方向に微調整することができる装置。主に洋上救出作業の際に使用する

注2：ホイスト・コントロール・ペンダント
レスキューホイストのコントローラー。海自のＳＨ・60Ｊ／Ｋ、空自のＵＨ・60Ｊの場合は、キャビン左側前方、キャビンドア横の壁面にフックを介して設置されている。グリップ部分にコイル状のコードが付属しており、フックから取り外して手に持って使用する。主としてＦＥ（Flight Engineer＝機上整備員）が操作する

（写真右上）今回観閲艦となった護衛艦「くらま」。露天艦橋の周囲に紅白の、上部構造物の周辺に白い横断幕を掲げているため遠くからでも一目で識別できる
（写真左上）筆者が搭乗したSH-60K（8429号機）。このように取材中はキャビンドアをフルオープンしている。後列前方が筆者。（写真提供は別の機体に搭乗していた知己より）
（写真右下）観艦式初参加のフランス海軍フリゲート「VENDEMIAIRE」
（写真左下）観閲官たる内閣総理大臣を乗せて「くらま」のヘリコプター甲板に着艦したMH-101

（写真左）観艦式初参加の韓国海軍駆逐艦「DEA JOYOUNG」（手前）とインド海軍フリゲート「SAHYADRI」
（写真中右）観艦式初参加の海自最大の艦艇、ヘリコプター搭載護衛艦「いずも」。全通甲板に搭載された5機のSH-60Jとの比較から、その巨大さが分かる
（写真右下）AIP推進装置を装備した海自最新の「そうりゅう」型潜水艦「ずいりゅう」。X字型の後舵が外見上の特徴
（写真左下）付かず離れず航行しその威容を誇示した米空母「ロナルド・レーガン」。正式な参加ではなかったが、飛行甲板上で乗員が登舷礼を行なっているところから、観艦式を意識しての行動であることは明らかだろう（写真提供：杉山 潔／8点とも）

が、近くにホバリング参照点のない洋上では機体位置を一定に保つことが難しい。安定したホバリングができなければ、サバイバー救出をスムーズに実施することは難しい。しかし、キャビンクルー自身がクルーホバー装置を使用し、目視で機体位置を微調整することができれば、救出作業がスムーズに行なえるのだ。

SH‐60KにはJ型と同様レスキューホイストが装備されており、HRS（Helicopter Rescue Swimmer＝降下救助員）を兼務する航空士（センサーマン）が搭乗し、救難任務にも対応している。DDH（ヘリコプター搭載護衛艦）に搭載されて任務を実施するSH‐60J／Kの場合、洋上救出が大前提となるため、このクルーホバー装置は強い味方となるはずだ。なお、海上自衛隊のHRSは1993年頃から養成が開始された比較的新しい職種であり、創設に当たっては航空自衛隊の救難員を参考にしたといわれている。その訓練には空自の救難隊も協力しているとのこと。アクチュアルミッションは2000年台に入ってからのようだ。

ひと通り搭乗員から機体説明を受けた後ブリーフィングルームに戻った我々は、保命装具やヘルメットを装着して準備を整えると、再びエプロンに戻り搭乗機へと乗り込んだ。取材者の搭乗が完了すると、キャビンクルーがキャビンドアの内側にセーフティーストラップを張った。これはキャビンドアをフルオープンにする際に転落防止用に張るものだ。しかし今回の搭乗機のストラップには、床面との隙間を塞ぐように緑のネットが取り付けられていた。

これは取材陣の持ち物が機外に転落しないようにとの安全対策だ。それがカメラのレンズキャップのように小さくて軽い物でも、機外に転落してしまえば不時落下として問題となってしまうのだ。

離陸は1040時。房総半島のほぼ先端にある館山航空基地から約15分で、浦賀水道を観艦式実施海域となる相模湾に向けて白いウェーキを曳いて航行中の海上自衛隊艦艇群と合流した。艦艇は相模湾に近づくにつれて徐々に隊形を単縦陣に整えていく。この時点から空中取材が開始された。参加艦艇を単艦で狙うには、この段階の方が、前後を詰めた単縦陣を形成した後より撮影の自由度が高いのだ。

陸海空自衛隊の最高指揮官である安倍晋三内閣総理大臣が搭乗するMCH‐101が飛来し、護衛艦「くらま」の後部ヘリコプター甲板に着艦、観閲式は1100時にスタートした。式は陸海空自衛隊の最高指揮官である安倍総理が乗艦する観閲艦「くらま」を含む観閲部隊と、並行して進む観閲付属部隊の艦艇の間を、最高指揮官の観閲を受ける受閲部隊が対向してすれ違いながら航行することで実施された。この間に海上自衛隊、陸上自衛隊、航空自衛隊、米海軍、米海兵隊の航空機も次々と上空をパスして行く。今回の参加航空機の目玉はやはり海上自衛隊最新鋭哨戒機P‐1と米海軍の哨戒機P‐8Aポセイドン、米海兵隊のMV‐22オスプレイの初参加だろう。

最初の航過で観閲式が終了すると、艦隊はそれぞれ180度変針して再び対向、

1244時から訓練展示に移行した。護衛艦による祝砲発射や戦術運動、潜水艦によるドルフィン運動（潜水と浮上を繰り返す）、ミサイル艇によるIRデコイの射出、1300時からは航空機によるIRフレア（P‐1）の射出や対潜爆弾の投下（P‐3C）、ブルーインパルス（T‐4）の飛行展示等が実施された。但し取材機は、航空機による展示飛行の前に空域をクリアにする必要性から、その前に上空を離脱することになっていた。

今回の参加艦艇は次の通り。

観閲艦隊は計7艦。護衛艦「むらさめ」を先導艦に観閲艦である護衛艦「くらま」、それに随伴艦として補給艦「うらが」、訓練支援艦「てんりゅう」、護衛艦「しらゆき」、潜水艦救難艦「ちはや」、護衛艦「ちょうかい」が続く。観閲付属部隊は計6艦。試験艦「あすか」を先頭に護衛艦「あぶくま」、「とね」、訓練支援艦「くろべ」、護衛艦「こんごう」「きりしま」だ。受閲艦隊計23艦で、旗艦となる護衛艦「あたご」を先頭に、第1群が護衛艦「しまかぜ」「おおなみ」、第2群が護衛艦「きりさめ」「さみだれ」、第3群が護衛艦「いずも」、第4群が潜水艦「ずいりゅう」「こくりゅう」「うずしお」、第5群が掃海母艦「ぶんご」、掃海艦「つしま」「はちじょう」、掃海艇「ひらしま」「たかしま」「みやじま」、第6群が補給艦「ましゅう」、輸送艦「おおすみ」、エアクッション艇「LCAC」2隻、第7群がミサイル艇「おおたか」「くまたか」「しらたか」、そして自衛艦の殿を護衛艦「いかづち」が務めた。

さらに受閲部隊の後方からは祝賀航行部隊として外国艦艇も参加していた。オーストラリアのフリゲート「STUART」、フランスのフリゲート「VENDEMIAIRE」、インドのフリゲート「SAHYADRI」、韓国の駆逐艦「DEA JOYOUNG」、アメリカの巡洋艦「CHANCELLORSVILLE」と駆逐艦「MUSTIN」である。

米海軍やオーストラリア海軍はこれまでにも観艦式に参加しているが、フランス海軍やインド海軍、韓国海軍は初参加。当時も韓国とは政治的関係が思わしくなかったが、それでもこうして軍事交流が維持されていることは、現場レベルでは交流が続いている証であり、健全性として歓迎すべき事だろう。

しかし、今回最も印象的だったのは、観艦式の艦隊から付かず離れず、適度な距離を保って航行する米海軍の原子力空母「CVN-76ロナルド・レーガン」の姿である。「ロナルド・レーガン」は観艦式後、米韓連合海上機動訓練の為に日本海へ移動することになっていた。正式に観艦式に加わる事は無かったが、このタイミングで観艦式実施海域に姿を見せたということは、日米同盟の強固さを対外的に、特にこの時期に於いては韓国や中国に対して示す意図があったのではないかと思われる。

取材機が「ロナルド・レーガン」に2度接近し撮影することができたのも、当然のことながら事前調整が済んでおり、メディアへの露出が前提としてあったと考えるのが自然だろう。

1250時、取材機の4機は予定通り会場空域を離脱。館山航空基地へと帰還し、今回の観艦式空中取材は終了した。海上自衛隊の取材対応は非常にソフィスティケートされており、スムーズに運んだ。

また、取材機のクルーも非常に強力的だった。筆者の搭乗機も最低高度100ftから最高高度3000ftまで、様々な高度帯を飛行してくれたが、3000ft（約900m）に上昇する際は「耳が痛くないですか？」と気圧変動による体調の変化にまで気を遣ってくれる気の配りようだった。

平成27年度自衛隊観艦式の空中取材はこうして完了したが、今回参加して筆者が一番印象に残ったのは、初参加の艦艇や航空機がある中、参加艦艇等から現実の政治状況が垣間見える観艦式だったということだ。

最後に、取材の機会を用意してくれた海上幕僚監部広報室に感謝の意を表したい。

第五章 自衛隊アラカルト

東日本大震災
被災地取材の記憶

東日本大震災発災からひと月後の4月9日、私は仕事仲間の映像ディレクター糟谷富美夫氏と二人、車で被災地に向かっていた。目的は被災地の取材と航空自衛隊松島救難隊に差し入れを届けることだった。出発前、自宅近くの農産物直売所で野菜と果物を大量に購入し、ミネラルウォーターも車に積み込んであった。

3月11日に発生した東日本大震災の直後、私は自己嫌悪に陥っていた。未曽有の巨大津波によって壊滅状態となった被災地で、救難隊の友人たちは過酷な生活環境下で捜索救難や物資空輸、空中消火等の任務に就き、懸命に活動を続けていた。それは、発災5日後に長年の友人である救難員のH曹長から貰った電話や、発災後2週間ほどして訪れた百里救難隊での取材等で知っていた。勿論、あれだけの大規模災害であれば、航空救難団が全国の部隊から航空機を被災地に投入しているのは当然だった。

翻って自分である。発災時の金曜日に帰宅難民となってほぼ丸一日かけて土曜日の午後に帰宅、出勤停止となった翌週は自宅に篭って震災の情報を集めるだけ。救難隊の友人たちだけでなく、知己の軍事フォトジャーナリストやビデオカメラマンらが被災地に行って活動していた。こんな時、エンタテインメントの世界の人間には何もできることが無い。無力感に苛まれて鬱々としていたのだが、それでも、「自分に何ができるだろう」と考え始めた。そこで思いついたのがネットでのカンパ募集だった。4月2日『航空救難団支援物品寄贈事業』として、使用していたｍｉｘｉとツイッターで、被災者救援に当たっている航空救難団への支援物品の寄贈を呼びかけた。もちろん、私が事務局幹事を務めている「航空救難団を支援する会」の会員にも呼びかけた。

「航空救難団を支援する会」のメンバーにこちらの意図を理解して貰えるだろうことは確信があったが、見ず知らずの人物からのカンパ呼びかけにどれほどの人が関心を示してくれるかは、正直自信がなかった。義捐金詐欺と見做されても仕方が無かったからだ。それでも蓋を開けてみれば、第一次の募集（募集は第二次まで実施）には予想を上回る多くの方々が参加してくださり、「航空救難団を支援する会」名義で急遽開設しいた銀行口座には沢山の義捐金が集まったのだった。

車に積んであった救援物資は、この第一次義捐金で購入したものだった。農産物直売所でトマトやきゅうりやオレンジを1ケース、スーパーでカレー等のレトルト食品を2ケース、ミネラルウォーターを2ケース購入したのだが、その際にレジのおばさんが、同じ野菜を大量に購入する男二人組を不思議に思ったのだろう、「何かあるんですか？」と聞いてきた。被災地で災害派遣任務に従事する航空自衛官への差し入れに行く途中だと事情を説明すると、「そういうことなら」とじゃがいもを一袋サービスしてくれた上、「よろしくお願いしますと伝えてください」と我々の車を見送ってくれたのだ。普段は自衛隊とは縁も所縁もなさそうなおばさん達の気持ちが嬉しかった。

ちなみにトマトやきゅうりを選んだのには理由があった。H曹長との電話で、松島基地は停電、断水、ガスの供給停止が続いており、煮炊きできる状態ではないと聞かされていたため、丸齧りできる野菜を中心に選んだのだ。

我々は常磐自動車道から磐越自動車道を経由して東北自動車道を北上した。高速道路は他に走る車も少なく、空いていた。

今回の震災対処で優れていた対策のひとつが、東北自動車道を救援車両以外に通行止めにしたことだ。阪神淡路大震災では肉親や知人の安全確認や救援のために被災地に流入する一般車両を規制しなかったため、幹線道路が軒並み大渋滞を起こして機能不全に陥り、本来最優先されるべき警察・消防の車輌や公的な救援車輌の身動きが取れなくなった。火災の現場に消防車が近づけず、瓦礫の下敷きになった多くの住民が生きたまま焼かれていった。東北自動車道の通行規制はこの反省からのものだった。

東北自動車道は荒れていた。道路の継ぎ目には段差ができており、高低差を埋める応急処置はされていたもののスピードを出すのは危険で、ところどころ車線規制がされており、速度規制もなされていた。

発災直後に実施されていた救援車輌以外の通行止めも既に解除されていたが、道路は空いていた。この頃には、被災地ではガソリンや灯油などの燃料が枯渇していることが広く報道されていたため、車で東北地方を目指す人が少なかったのだろう。我々は現地のガソリンを消費することが無いよう、専用の携行缶にガソリンを入れて持参していた。その他にも、自給自足できるようシュラフやコンロなど登山用品を一揃い積んであった。

東北自動車道を北上中、古くからの知己でもある松島救難隊長の佐々野真2佐の携帯電話に電話を掛けた。実は、今回の松島救難隊訪問にあたっては、事前に申請をしていなかった。災害派遣対応で部隊も司令部も多忙を極めていることは明らかだったため、連絡を取ることが躊躇われたからだった。しかし、面会で基地内に入るにしても、事前に連絡をして了解を得る必要がある。もし、入基が認められなければ、支援物資だけでも手渡ししようと考えていた。
果たして、佐々野2佐は突然の申し入れを歓迎してくれた。そして、自ら航空救難団司令部と松島基地の第4航空団広報班に連絡をし、「受け入れは松島救難隊が責任を持って行なうので、入基を認めてほしい」と交渉してくれたのだ。

車が北上するにつれ、車窓から見える民家の瓦屋根にブルーシートが目立ち始めた。しかし、東北自動車道は内陸部を走っているためか、沿線はそれほど大きな被害を受けているようには見えなかった。一関インターで高速を降り、我々はまず気仙沼に向かった。知己の軍事評論家岡部いさくさんが米軍による「トモダチ作戦」の初期に、孤立した気仙沼大島に対する揚陸艦「エセックス」の作戦行動を取材しており、その際の話が気仙沼に向かう足がかりとなった。

内陸部から気仙沼の市内に入り、港方面へ向かって坂を下りて行った。泥に覆われた道路の両側の商店や民家の軒先には、虫干しの為か津波で海水を被った家具などが並べられていたが、家屋にはそれほど大きな損傷は無く、テレビで視ていた津波に街が破壊されていく映像のイメージとはかなり違っていた。「ああして津波の被害に遭ったのは、実はごく一部の地域なのかもしれない」との考えが脳裏を過った丁度その時、車が丁字路を港に向かって左折した。その瞬間目に飛び込んで来たのは、道路の両側で瓦礫と化した家と、その瓦礫の上に乗り上げた漁船の姿だった。その区画から、様相が一変した。

道路はかろうじて啓開されていたが、両側は倒壊しかかった建物や瓦礫の山だった。港まで車を進めると、港沿いの建物に流されてきた漁船がもたれ掛っており、5階建ての市営駐車場の2階と3階をつなぐ螺旋通路に車が突き刺さっていた。つまり、その高さまで津波が流された車を押し上げたということなのだろう。港湾に沿って車を進めると、埠頭には黒々と焼け焦げた船が何艘も係留されていた。

車を降りて歩いて撮影して回っていた時、二人の女性とすれ違った。二人ともジャージを履いて手には買い物袋を下げていた。私ははっと気づいた。そう、この人たちは発災以来ここで暮らしてきて、これからも暮らしていかなければならないのだ。毎日自分の住む町の惨状を目の当たりにしながら、日々を生きて行かなければならない。こうして取材者として短時間滞在する我々とは比べ物にならない切実な問題に、好むと好まざるとに関わらずこれからも向き合わねばならないのだ。日が暮れて辺りが暗くなりつつある、瓦礫に覆われた町の中の細い道で、二人の後ろ姿を見送りながら、私は思わず頭を下げていた。

日が暮れてから、我々は気仙沼を出発した。海沿いの道を南下することにして、国道45号線に沿って車を走らせながら、糟谷氏が口を開いた。

「夜になって良かった。この道、昼間走ったらきっと気が滅入ってしまったと思う……」

走っていた道は海沿いの幹線道路でありながら、道の両側には漆黒の闇が広がっていた。本来なら街灯が灯り、両側には家屋や商店の明かりが並んでいるはずだった。しかし、そこにあるはずの家の影も無く、恐らくそこには延々と瓦礫の荒野が続いてるであろうことが容易に想像できた。「ここに居た人たちは無事だっただろうか。一体何人の人たちが津波に呑まれてしまったのだろう」

落ち込みながら真っ暗の中、路面を照らし出すヘッドライトの明かりを見つめていると、小高い丘を登り切った所に思わぬ光景を目にした。その一角だけ交差点に信号が灯り、道沿いの家の窓にも明かりが見えたのだ。そこだけは何事も起きなかったかのような錯覚を覚えた。そして、気仙沼でも港湾沿いの家屋には全壊した建物が多い一方、小高い丘の上の家屋には殆ど損壊が見られなかったことを思い出した。

その時気づいたのは、同じ被災地でも場所によってこれだけの違いがあるのだということ。家が残った人と家を失った人とでは、復興後の再スタート地点に天地の差があるのだ。一言で震災被害と言っても、その態様は様々。被災者も人間。きっとこれからは持てる者と持たざる者の間で、様々な意見の食い違いや軋轢が生じるのだろうと思うと、気が滅入るばかりだった。

翌日の松島救難隊訪問に備えて、その日のうちに石巻周辺まで着いておく必要があった。海岸沿いの道は寸断されているところも多く、私たちは海沿いに南下することを諦め、時間短縮のために気仙沼市本吉から一旦内陸方向に戻り、内陸部を南下して石巻に入った。

20時頃だっただろうか、松島基地のある東松島市に入った私は、松島救難隊の救難員であるH曹長に電話した。到着した旨と、夕食を一緒に食べに行かないかと誘うためだった。国道45号線沿いの飲食店の一部は既に営業を開始しており、どこも満席で待機列ができていた。飲食店での夕食を諦めた我々は、近くにあった弁当屋で弁当を買って、H曹長の官舎で食べることにした。その店には、DMATの隊員などが夕食を求めて列を作っていた。メニューは1種類のみ（数種類だったかも知れない）。非常時だし食材の調達も大変だろうから、これは仕方がない。むしろ、この非常時に店舗を再開し、弁当の提供を再開している事に頭が下がる思いだった。

弁当を3人分買ってH曹長の家でテーブルを囲んで夕食を摂ったのだが、簡素な弁当を掻き込むようにして「旨い旨い。こんなに旨い飯は食ったことがない」と大喜びしているH曹長を見て、これまで毎日どんな食事をしてきたのだろうと気の毒になった。

石巻に行けば、きっとまともな食事ができるだろうとは思いつつも、車も自転車も流されてしまったため行動範囲が徒歩圏内に限定され、とても石巻まで行ける状態ではなかったのだという。毎日の食事は輸送機が運んでくる戦闘糧食ばかり。メニューは限られており、加工食ばかりで生野菜や果物がないため、皆ビタミン不足に陥っていたのだ。

その夜は車で寝るつもりだった我々を、H曹長は官舎の自室に泊めてくれた。足を延ばして眠れることが、とても有難かった。

翌10日はH曹長と共に早朝に松島基地に向かった。入門にあたっては4空団の広報班長が窓口となってくれた。松島基地を襲った大津波で被災した松島救難隊は、本来の部隊庁舎が使い物にならず、既に解隊された第22飛行隊旧庁舎の2階にオペレーションルームを移して災害派遣任務を続けていた。

我々は佐々野2佐に挨拶をし、支援物資を庁舎に運び込んだ。大した分量でなかったが、部隊の皆からとても喜んで貰えたことが嬉しかった。

その日は、偶然にも第2回行方不明者一斉集中捜索の日だった。松島救難隊には全国各地の救難隊から

10機もの救難捜索機ＵＨ‐60Ｊが集結することになっていた。米陸軍のＵＨ‐60Ａ×１機がエプロンに駐機していた。一斉集中捜索は、陸海空自衛隊だけでなく、警察や消防、海上保安庁、防災航空隊さらには米軍をも巻き込んだ、被災地全域で実施される大規模な捜索作戦だった。飛来したＵＨ‐60Ｊから次々とクルーが降機してくる。馴染みの顔もあり、思わぬところでの再会を喜び合った。彼らの士気は高かった。

オペレーションルームでのＭＲ（モーニングレポート）には、今回の任務に参加するクルー全員が参加しており、立錐の余地もない状態だった。通常と同様、気象情報から始まったＭＲは佐々野２佐の訓示で締められた。

「現場では機長が自ら判断して任務を実施せよ。不明点があれば無線が錯綜しない程度に指揮所に問い合わせよ。聞いていなかったでは済まされない。一人でも多くの行方不明者を家族のもとへ帰そう」

クルーは皆真剣に聞き入っていた。私は目頭が熱くなった。発災からひと月。恐らく行方不明者の生存は絶望的だろう。ご遺体だとして、きっとその状態は、目の当たりにして接するには精神的に厳しいものだろう。それでも、彼らは一人でも多くの行方不明者を見つけ出そうと真剣だった。ＭＲを終えたクルーたちが乗り込んだＵＨ‐60Ｊは、爆音を轟かせて次々と松島基地を離陸して行った。我々取材者には何もできない。彼らに思いを託すしかなかった。

実はこの日、松島基地にはＶＩＰがやって来ることになっていた。時の総理大臣、菅直人である。陸路で松島基地に到着し、ここから空自のヘリコプター空輸隊のＣＨ‐47Ｊに乗り換えて何処かへ向かうらしい。我々は警備の関係上、庁舎から出ることを禁じられたが、窓から菅首相一行の動向を見守っていた。

もしかすると、被災地の航空基地という第一線で災害派遣任務に就いている松島救難隊を激励に訪れるのではないか、と半ば期待していた。しかし、その期待はあっけなく萎んでしまった。菅首相は一瞥もくれることもなく、一直線に松島救難隊オペレーションルーム前のエプロンに駐機しているＣＨ‐47Ｊに向かい、さっさと乗り込んで離陸して行った。

もちろん、彼が松島救難隊の状況について細部を把握していなかったとしても仕方はないかも知れない。しかし、彼のスタッフには、首相が訪れる被災地の中の松島基地について、下調べをする者は居なかったのだろうか。最高指揮官である総理大臣が、被災地に踏み留まって災害派遣任務に就いている部隊に対して激励の言葉を掛けることが、いかに隊員の士気を鼓舞するか考えたことはなかったのだろうか。スタッフを含めた菅首相一行に、人としての情の薄さを感じて私は失望した。

我々は、昼頃に基地を後にした。アクチュアルミッションを遂行中の部隊に長居をして、任務の邪魔になることを懸念したからだが、他に為すべきこともあったのだ。

まずは、東松島市内の知己の自宅を訪ねた。航空学生3期の元戦闘機パイロットのＴ氏宅だ。Ｔ氏とはかつて松島基地でブルーインパルスの取材をした際に広報班を通じて知り合い、以降松島基地航空祭で会う他、年賀状の遣り取りが続いていた。Ｔ氏宅が津波の被害に遇っていないか心配だったのだが、基地にほど近い場所に住むＴ氏の無事は、Ｈ曹長に頼んで確認して貰っていた。しかし、ご高齢で生活物資の調達には苦労をされているだろうと考え、Ｔ氏にも救援物資を持参していたのだ。

H曹長に教えて貰い初めて訪れたT氏宅は、家屋の損壊はなさそうだったが、壁の途中まで泥で汚れており、床上浸水だったことが一目でわかった。玄関のベルを鳴らすと、中年の女性が引き戸を開けた。我々の姿を見て戸惑っているようだった。それはそうだ。見知らぬ男が二人、足元に段ボール箱を置いて立っていたのだから、押し売りに間違われても仕方がない。手短に訪問の目的を伝えると、その女性はT氏の名前を呼びながら家の奥へと戻って行った。

ほどなく、奥からT氏が姿を現した。T氏は私の姿を見て驚いていた。事前の連絡もなく押しかけてしまったことを詫び、僅かながら救援物資を持参したことを伝えた。もっと早く送ろうと考えていたものの、東松島市行きの宅配便は仙台営業所止めとなっており、津波で移動手段を失ったであろう状態で仙台まで取りに行かねばならない荷物は却って迷惑となると判断し、持参することにしたこと。その為持ってくるのが遅くなってしまったことを説明すると、T氏は私の手を取ってお礼の言葉を掛けてくださった。

T氏は鼻の穴にチューブを入れた姿だった。聞けば、津波が運んだ泥濘が乾燥したことで微細な粒子となって風に舞い、それを吸い込んだことによって間質性肺炎を患ったのだという。町を呑み込んだ津波は、こんなところにも影響を及ぼしていたのだ。間質性肺炎は不治の病だと聞いたことがあった私は言葉を失ったが、辛うじてお見舞いの言葉を述べ快癒をお祈りする言葉を掛けてT氏宅を辞した。

我々はその後、石巻方面へと向かった。道すがら、田んぼの中で電信柱に寄り掛かるように横倒しになった消防車を目撃した。きっと避難を呼びかけているうちに津波に流され、この電信柱に引っかかったのだろう。乗っていた消防団員は無事だったろうか。道路には自衛隊のトラックが走り、その道の両側を災害派遣用の青いベストを着た航空自衛隊員が列を作って歩いて行く。手にはゾンデ棒を持っていた。泥濘の中に埋もれた行方不明者の捜索に向かうのだろう。水田だったはずの泥に埋もれた荒れ地の中の道を車を走らせていくと、見渡す限りの泥濘の中に多数の車や家屋の残骸が放置されていた。その泥濘の中で、陸と空の自衛隊員がゾンデ棒を地面に突き挿しながら進んで行く。その上空を陸上自衛隊のＵＨ‐１Ｊ汎用ヘリが低空でホバリング移動していく。

我々は石巻方面を見て目を疑った。巨大な黒い貨物船が、まるでビルのように地面の上に乗り上げているのが見えた。余りに非現実的な光景だった。その貨物船のある大曲浜地区へと車を走らせ、小さな北上運河に架かる橋を渡ると、そこから先は見渡す限りの瓦礫の山だった。辛うじて車が通れる程度に道が啓開されていた。車の屋根を超える高さに積み重なった瓦礫の中を進む。時折車を停めて降り、辺りを歩いてみると、瓦礫の中に布団や鍋やおもちゃなどの生活の痕跡が残されていた。これらの持ち主はどうしているのだろう。無事に逃げることができたのだろうか。辺りを見渡すと瓦礫の中にポツンポツンと半壊した家屋が残されていた。全壊して流された家と半壊したものの残った家、その違いはなんだったのだろう。半壊してもう住むことは適わないだろう家ではあったが、少なくとも多少の家財を再利用することはできただろう。想い出の品を回収することができたかもしれない。一方で全壊して流された家の住人は、全てを失ってしまったのだ。ここにも被災者間に格差が生まれていた。

さらに奥、石巻湾の岸壁方角に向けて、瓦礫の中の迷路のような道を走っていくと、座礁した巨大な貨物船が目の前に現れた。その奥には大きめの2隻の漁船が、1軒の家屋を押し潰すようにして陸に乗り上げて止まっていた。その光景は、これまでの経験上にはない、受け入れ難い現実味のないものだった。大曲地区には貨物船や漁船、ヨットなど大小様々な船が陸上のあちこちに放置されていた。きっとこれらの船は津波に乗って、家屋を押しつぶしながら流されてきたのだろう。

絶望的な気分に浸りながら来た道を取って返し、橋の袂に車を停めた。道の傍には家の屋根だけが流れ着いていた。構造的に強い屋根の部分だけが原型を保ったのだろう。

道路を向こうから陸上自衛隊第３０１映像写真中隊の73式小型トラックが、猛烈な砂埃をもうもうと上げて走ってきた。車が通る時だけでなく、風が吹くだけで舞い上がるこの粉塵で、Ｔ氏のように健康被害を蒙っている人も多いのだろう。実際、風が吹くとゴーグルが無ければ目も開けていられないほどだった。この中で生活を続けるのは大変だろう。

そして我々は気を滅入らせるもうひとつのことに気付いた。それは、辺りに立ち込める臭気だった。街全体が鼻を突く磯の臭いに覆われていたのだ。磯の独特の臭いは、海岸に流されて来て漂う死んだプランクトンの腐敗臭だという。確かに取材で護衛艦に乗って外洋に出た際には、海上は無臭だった。津波で運ばれた海水が蒸発し、残された大量のプランクトンの死骸が腐敗して強烈な臭気を発していたのだ。これはテレビやＰＣの画面に映し出される被災地の映像からは想像もできなかった。

津波に襲われた被災地で暮らす人たちは、目も開けられない猛烈な砂埃と逃げ場のない臭気の中で、もうひと月も暮らしているのだと知り、遣り切れない思いだった。

そんな時、上空からターボプロップエンジンの音が聞こえてきた。航空自衛隊のC-130H輸送機が松島基地の滑走路にアプローチすべく高度を下げて上空を通過して行った。救援物資を満載して飛来したのだろう。こうした航空輸送が被災地の命を繋ぐ道のひとつになっているのだと実感した。きっと輸送航空隊もフル活動しているに違いなかった。さらに様々な組織のヘリが上空を通過していく。

彼らは懸命に為すべき任務を来る日も来る日も終わりの見えない災害派遣任務に従事している。自分たちも、今為すべき事をしよう。

我々は石巻市内に向かった。途中、完全に道路が陥没して水没、通行止めになっている箇所があった。その時に気付いたのは、交通整理にあたる警察官が乗るパトカーが他府県の警察のものだということ。被災地域には警察からも応援部隊が派遣されていた。信号等の交通安全施設が機能しなくなった場所での交通整理や防犯活動などの治安維持といった地道な活動を、全国の応援警察官が担っていた。

我々は石巻市街の中にある日和山公園に登った。ここは、T氏宅を訪ねた際、石巻市の被災地が一望できる場所として教えて貰ったところだ。

日和山公園の展望台からは、海に面した門脇町や南浜町の被災地を見渡すことができた。徹底的に破壊された街には、やはり大曲浜地区で見たようにかろうじて原型を留めた家屋がポツリポツリと立っていた。

鉄筋コンクリートのアパートは津波に耐えたようだった。

展望台には被災地を眺める多くの人が居た。みな一様に押し黙っている。あるいは被災地を指さしながら小さな声で話している。私には、ベンチに座って身じろぎもせずに被災地を見つめていた男性の後ろ姿が忘れられない。

海に向かって左手に日和山の裾野には旧北上川が流れている。上流を振り返ると、中州に銀色の饅頭のような形をした建物が建っていた。石ノ森漫画館だ。海面高度がほぼ０ｍの中州は、津波の直撃を受けたはずだ。中州の上にあったであろう建物はほとんど何も残っていない中で、ここだけが持ちこたえたのは、恐らく構造の強さと波の抵抗を逃がすことのできる流線型の形状のためだろう。発災当時、津波に追われるようにこの建物に逃げ込んだ高校生が命拾いしたという。彼が逃げ込んだ直後、津波は館内に押し寄せ、二階部分まで到達して館内で渦を巻いていたという。

こうした幸運に恵まれた人ばかりではなかった。むしろ住民の多くは逃げる間もなく津波に呑み込まれたのだ。ここより北、北上川右岸に位置し、石巻での悲劇として語られる大川小学校では、児童の約７割と多くの先生が亡くなった。

門脇小学校では全児童がこの日和山に避難して犠牲者は居なかったが、一方で日和山の高台にあった日和幼稚園では、園長の判断で園児を親元へ帰そうと出発したバスが津波に流されて遭難、身動きが取れなくなった５人の園児と職員２人が、その後に発生した津波火災によって焼死するという痛ましい悲劇も起きている。

我々は日和山公園を下り、門脇町と南浜町へと向かった。瓦礫を啓開した道には住民の姿がちらほら見かけられた。ある者は車で、ある者は徒歩で自宅のあった場所を訪れ、少しでも使える物を探そうとしているようだった。車を停めて撮影しながら歩いてみた。日和山公園のすぐ麓、門脇町の被災したお寺（帰宅後、西光寺と判明）の様子を見に行こうと、クランクになった角を曲がった私はギョッとして足が止まった。瓦礫が人の身長よりも高く積み上げられ、通りからは死角になった位置に小さな広場ができていて、そこに立つ人影が急に目に飛び込んできたのだ。しかし見直してみると、それは人ではなく大きなお地蔵様だった。津波に耐えたわけではあるまい。きっと、流されたものをここに設置したのだろう。

そして、その足許を見て私は絶句した。海に向いて立てられたそのお地蔵様の足許には、子供の学用品やおもちゃ等が供えられていたのだ。命を落とした子供たちのために、家族や親族あるいは近所の人が供えたものだろう。ああ、一体被災地では何人の子供が命を落としたのだろう。私は嗚咽した。私にも三人の子供がいる。親にとって、子供を失うということは想像を絶する恐怖だ。被災地の多くの親達は、一瞬のうちにその恐怖のどん底に叩き落されたのだ。私はお地蔵様に向き合って手を合わせ、深々と頭を下げるしかなかった。どうか、子供たちが安らかに眠れますように、と。後日、私はこのお地蔵様が水子地蔵だった事を知った。

日が暮れる前に、我々にはもう一箇所訪れてみたい場所があった。女川である。東日本大震災では福島第1原発が水蒸気爆発を起こしたことにより、大量の放射性物質が大気中に放出され、その汚染によって、多くの住民が故郷を捨てて避難せねばならなかった。しかし、女川にある原発は安全に停止し、しかもその堅牢さゆえに付近の住民が避難の為に集まったという。同じ原発を抱える町として、その女川は今、どうなっているのだろうか。

我々は国道398号線に沿って女川へ向けて車を走らせた。女川港へは山間いの道を抜けて、坂道を下っていくことになる。森が開けて港に近づくにつれて、我々は息を呑んだ。

巨大な鉄筋コンクリートの水産物倉庫の壁に大きな穴が開いていた。津波の破壊力の凄まじさに呆気にとられながら漁港に着いた我々は、言葉を失った。見渡す限りのコンクリートと鉄筋や鉄骨の瓦礫の山。その中に鉄筋コンクリートの大小のビルが原型を留めたまま横倒しになっていた。

「なんだ……これ」

口をついて出たのはそのひと言だけだった。同じ漁港でも、昨日訪れた気仙沼とは全く様相が異なっていた。気仙沼は港の周辺に立つ木造の家屋が破壊され、その瓦礫は材木が中心で、建物が損壊するような大きな被害は比較的港の近くにとどまっていた。しかし、ここは見渡す限りコンクリートの廃墟だった。まるで爆撃にでもあったかのように、街全体が木端微塵に破壊されていたのだ。女川は原発が立地することによる電源交付税により、他地域と比べ財政的には裕福な街だ。そのため港湾機能の整備が進み、鉄筋コンクリートや鉄骨造りの港湾施設が整備されていた。しかし、堅牢なこれらの建物も巨大津波の前には為す術も無かったということだろう。鉄骨モルタル造りだったらしい小さなビルなどは、ビルの外壁がすべて流失して歪んだ鉄骨の骨格だけが残り、あたかも骸骨を晒しているかのようだった。

その中で、いくつかのビルが辛うじて原型を留めていた。港の堤防の上に建つ大きな日除けの屋根の上には、流れてきた家屋の屋根が引っかかっていた。また、ある港湾施設の鉄骨の上には、漁船がそのままの形で乗っかっていた。つまり、それらを遙かに超える高さの津波が押し寄せたということだ。想像を絶する体積の海水が、この女川の街を襲ったのだ。

「悔しいなあ、津波さえ来なければ……。地震だけならこんなことにならなかったんだ」

記録の為、倒壊したビルの傍でビデオカメラを回していた糟谷氏が、独り言を呟いていた。この惨状を少しでも記録に残そうと撮影を続けている横を、陸上自衛隊のトラックやブルドーザーが走り過ぎていった。まるで、戦場の中にいるかのような錯覚を覚えた。

日暮れが近づいてきたため、我々は海沿いの道を北上しようと再び車を走らせた。一体この先はどうなっているのだろうか。少しでも多くの地域の状況を目に焼き付けておきたかった。しかし、海沿いの細く曲がりくねった道は荒れており、街灯もない。熱に浮かされたように運転する私に、糟谷氏が言った。

「杉山さん、戻りましょう。これ以上は危険だと思う。日が暮れて真っ暗になったら、我々が遭難しかねない」

その通りだった。しかし、私は帰りたくなかった。

「戻りましょう」

糟谷氏が語気を強めた。我に返った私は、「そうだ。帰ろう」と答えて車をUターンさせ、元来た道を女川へ向けて戻って行った。

我々は女川から内陸部へと移動して東北自動車道に乗り、我が家に戻るべく車を走らせた。道中、この目で見たものを自分の中で消化できないでいた。大変なものを見てしまった。ビデオや写真は撮影したものの、これをどうするべきだろう。私は後ろめたさのようなものを感じていた。自分達にはこうして帰る家がある。家に帰れば暖かい部屋と食事と風呂が待っている。しかし、被災地ではそんな生活とは天地の差のある生活が続いている。結局のところ、我々はただの通りすがりに過ぎないのだ。

そして、航空自衛隊の友人たちは、この惨状の中で被災地に踏みとどまり、あるいは毎日のように飛来して捜索救難や復旧支援を続けている。我々には、何ができるだろう。無力感の中で自問自答が続いた。

我々は被災地から戻ると、この未曾有の震災による被災者のために私を捨て寝食を忘れて災害派遣任務に就いている、陸海空自衛官の姿を記録に留めることを決意した。そうして1年後に発表したのがＤＶＤ「絆～キズナノキオク～」だ。制作協力として携わっていた(株)リバプールのコンビニ向け自衛隊ＤＶＤシリーズのアイテムに、この作品を加えることにしたのだ。自衛隊が災害派遣で撮影した莫大な量の映像や写真に我々が当日撮影した映像や写真、そして自衛隊の映像作品を製作・発売している仲間である、あだちビデオ制作室が撮影した映像を加え、合計27名の陸海空自衛官のインタビューを交えて編集したものだ。彼らが、いつどこで何を考えて災害派遣任務に就いていたのか。その一端でも後世に伝えることができれば、との想いで制作した。

しかし、収録時間の関係から、映像作品には残せる情報に限りがある。そこで私は、自分個人でできることとして、テキストで彼らの事を記録することを思い立った。付き合いの長い航空機模型専門誌『スケールアヴィエーション』と航空専門誌『航空ファン』の編集者にその思いを伝え、連載という形でページを貰うことができた。それが、本書に収録した「ツバサノキオク」である。

出発前には「ご遺体を目にすることもあるだろう。トラウマが残る経験をするかもしれない」と覚悟していたが、幸いその体験はせずに済んだ。しかし、あの惨状と災害派遣任務に就く自衛官の姿は決して忘れることのない記憶として、私の中に刻まれた。

今後も、震災をそして災害派遣出動した自衛官たちを忘れることのないように、微力ながら記録と情報発信を続けていきたいと考えている。

津波に流され、宮城県東松島市大曲浜地区に乗り上げた大型貨物船。津波の持つ強大な破壊力をまざまざと見せつけられる光景を、取材で巡った被災地のあちこちで目撃した
(写真提供：杉山 潔)

杉山さん、これを書いてくれて、ありがとうございます。

岡部いさく

杉山さん、あれはもう何年ぐらい前になるんでしょうね、とにかく春というにはまだ寒い松島基地でしたよ。たしか航空自衛隊のブルーインパルスがT－4練習機の第11飛行隊として新編になって、訓練を始めたころのことですよね。だとすると平成8年の2月か3月、今年が2016年だから、ああ、もう20年になりますね。フジテレビの取材に同行して松島基地に行くと、別の撮影チームが来ていて、どこのTV局かなと思っていたら、「私、杉山と申します」と杉山さんから先にご挨拶をいただいたんでしたよね。杉山さんはブルーインパルスの映像作品の撮影にこられてて、そう、杉山さんとのご縁は、取材の現場、それも飛行機の基地から始まったんでした。

それ以来、杉山さんのお仕事をいろいろと、その末端部分でお手伝いさせていただいてきました。杉山さんの映像作品やアニメ作品では、「なんとまあ、こんなところまで撮影取材して！」や「よくもまあ、こんな場面にカメラを入れて！」とか、「あれまあ、こんな微妙なものを出して！」「まったくまあ、こんな細かいところまで描きこんで！」と、感心させられてばっかり。「こんなところまで」「こんな場面」というのは、杉山さんが手掛けた航空自衛隊や海上自衛隊の一連のビデオ作品のことだし、「こんな微妙なものを」「こんな細かいところまで」というのは、杉山さんがプロデュースしたアニメ作品の数々のことです。まあ、ご覧になった方にはもうおわかりか。

杉山さんの自衛隊の映像作品シリーズには、美しい映像や迫力ある映像はもちろん、さらには滅多に取材が許可されないような貴重な映像がたくさん収められてるんですけど、あれはそう簡単に撮影できるものじゃないですよね。綿密な調整と入念な準備、撮影スタッフの方の知恵や技術、努力の結実ですよね。そして撮影には自衛隊の許可と協力が不可欠なわけですけど、それはつまり人と人との信頼関係がなくちゃならない、その信頼には取材とその対象への真摯な姿勢と誠実な理解が必要ですよね。だから、杉山さんのお人柄があってこそ、この取材が可能になったんだ、と言ったら杉山さん、褒め過ぎですか？　照れちゃいますか？　でも言わせてくださいね。

そうして自衛隊の部隊の人々との間に築かれた信頼と理解が、あの作品になったんですよね。『よみがえる空 - RESCUE　WINGS -』。これはまあ、こんなに真面目でリアルなドラマをよくアニメで作ったなあ！　という作品でした。放送になったのは2006年1月でしたか、そうか、あれももう10年前なんですね。

『よみがえる空 - RESCUE　WINGS -』は航空自衛隊の航空救難団のヘリコプターの乗員を主人公に航空救難の厳しさ、任務の重さ、その任務に立ち向かう隊員たちの勇気を正面から描いて、正直に打ち明けると胸を打たれるアニメでした。細かいことをいうとUH - 60JやU - 125も良く描けてましたよね。アニメを原作にして実写映画『空へ—救いの翼　RESCUE　WINGS—』も作られたんですよね。

その『よみがえる空』を見ていると、杉山さんが『ツバサノキオク』の連載をお書きになったのは、すっかり腑に落ちるというか、全く当然というか……いや、むしろ「ああ、やっと書いてくれたか」という感じですらあります。アニメや映画のドラマでは描ききれない現実、それぞれの救難の状況、その中での判断、隊員の胸中が、文章になるとかなり詳しく描き表わされて、改めて航空救難の現実とそれに携わる人間の心に思いを巡らすことができました。

いつも杉山さんとは、仕事でも飲み会でも、お話しするときにはお互いボケたりツッコんだり、くだけたモードになってますけど、この『ツバサノキオク』の文章はきっちりと折り目正しく真っ直ぐですね。こういう真面目な人だったんだ、杉山さんは……。というのはもちろん冗談で、存じてますよ、杉山さんが本当は真面目な方だということは。杉山さんがこういう文章でこの連載をお書きになるというのは、やはりこのテーマに真剣に向き合っておられることの表れなんでしょうね。うむ、文ハ人ナリ。

『ツバサノキオク』の連載が始まってから、悲しいことに日本では幾つも災害が起こり、航空自衛隊の航空救難団だけでなく、陸上自衛隊や海上自衛隊のヘリコプター部隊も、救助や救援物資の輸送に飛ぶことになりました。TVのニュースなどでそれを見るたびに、人類がヘリコプターという乗り物を発明していて良かった、と思います。ヘリコプターがあったおかげでどれほどの人が救われて、苦難の中にいる人に助けが届けられたことか。でも、ヘリコプターはそれを飛ばす人間、乗り組む人間がいてこそ飛べるものですし、助けを求める人々に空から手を差し延ばすことができるわけです。その人々について、『ツバサノキオク』で多くのことを教えてもらいました。TVニュースの画面の中のヘリコプターを見ても、機体だけでなく、その操縦桿を握るパイロットや救難員、ホイスト・オペレーターが、生身の人間として災害に立ち向かっていることに考えが及ぶんですよ、『ツバサノキオク』を読ませていただいたおかげで。

東日本大震災で津波に機体を奪われた松島救難隊の苦闘や、一斉集中捜索に向かう隊員の思いも、この『ツバサノキオク』で知ることができました。東日本大震災といえば、私も発災から2週間ほど後に、スアメリカ軍の「トモダチ作戦」についてのフジテレビの取材で、三沢基地と気仙沼沖のアメリカ海軍の揚陸艦エセックスに行きました。エセックスから三沢に、アメリカ海軍の第14ヘリコプター機雷戦飛行隊（HM-14）ヴァンガーズのMH-53Eシードラゴンで帰ったんですが、その飛行中ずっと海岸沿いに低空を飛んで、乗員はドアの窓を開けて海面を見張ってたのが忘れられません。漂流物や漂流者がいないか、探していたんでしょう。それを思い出すたびにあのときには日本でもアメリカでも、ヘリコプターの乗員たちは皆同じことを感じてたんだ、と思います。その彼らの思いを『ツバサノキオク』で知ることができました。それを考えると、杉山さん、よくぞこの『ツバサノキオク』を書いてくれました、ありがとうございます。

このところ杉山さんは、これまで以上にお忙しいですね。杉山さんプロデュースの某戦車アニメも、『ストラトス・フォー』と同じで、絶妙な出演メカの選定といい、ディテールの忠実度といい、その動きの緻密さといい、いわば杉山クォリティーで、もちろんそれを実現したスタッフやキャストの皆さんの力があってこそですが、それがこれだけ多くのファンを楽しませることになったんだと思いますよ、本当に。素晴らしいことです。お祝いを言わせていただきます。でもねえ、杉山さん、飛行機の人に戻ってきてくれますよね？

執筆／杉山 潔

1962年生まれ。大阪府出身。映像プロデューサー。航空ドキュメントやアニメ作品を手がける。

大の航空ファンであることから、アニメ作品も航空機が登場する作品が多い。

25年以上実機の取材に携わっており、現在は航空自衛隊救難隊を主要テーマとしている

ツバサノキオク

震災・災害に立ち向かう救難最後の砦 自衛隊救難部隊の真実と実態

発行日 2016年6月9日 初版第1刷

編集 スケールアヴィエーション編集部【石塚 真・半谷 匠・佐藤南美】

発行人 小川光二

発行所 株式会社 大日本絵画
〒101-0054 東京都千代田区神田錦町1丁目7番地
Tel 03-3294-7861
[URL] http://www.kaiga.co.jp

企画／編集 株式会社アートボックス
〒101-0054 東京都千代田区神田錦町1丁目7番地 錦町一丁目ビル4階
Tel 03-6820-7000【代表】
[URL] http://www.modelkasten.com/

装丁 海老原剛志

編集・DTP 小野寺 徹

印刷 大日本印刷株式会社

製本 株式会社ブロケード

Publisher: Dainippon Kaiga Co., Ltd.
Kanda Nishiki-cho 1-7, Chiyoda-ku, Tokyo 101-0054 Japan
Phone 81-3-3294-7861
Dainippon Kaiga URL. http://www.kaiga.co.jp.

Editor: ARTBOX Co.,Ltd.
Nishikicho 1-chome bldg., 4th Floor, Kanda Nishiki-cho 1-7, Chiyoda-ku, Tokyo 101-0054 Japan
Phone 81-3-6820-7000
ARTBOX URL: http://www.modelkasten.com/

◎内容に関するお問い合わせ先：03（6820）7000 ㈱アートボックス
◎販売に関するお問い合わせ先：03（3294）7861 ㈱大日本絵画

ISBN978-4-499-23184-8